信息技术与人工智能

主　编　陈涧燊　金要君
副主编　王海波　金慧娜
　　　　侯玲红　高婉芬

北京理工大学出版社
BEIJING INSTITUTE OF TECHNOLOGY PRESS

内 容 简 介

本书是指导初学者学习计算机信息技术的入门书籍，以实际应用为出发点，通过合理的结构和大量来源于实际工作的精彩实例，全面涵盖了读者在使用计算机进行日常信息技术处理过程中所遇到的问题及其解决方案。全书共3个项目，分别讲解 WPS 文字处理、WPS 电子表格处理和 WPS 演示文稿制作等内容。

本书按照信息技术相关内容进行谋篇布局，通俗易懂，操作步骤详细，图文并茂，适合院校师生、公司人员、政府工作人员、管理人员使用，也可作为信息技术爱好者的参考用书。

图书在版编目（CIP）数据

信息技术与人工智能／陈涧燊，金要君主编.

北京：北京理工大学出版社，2025.6.

ISBN 978-7-5763-5789-9

Ⅰ. TP3；TP18

中国国家版本馆 CIP 数据核字第 2025K1B021 号

责任编辑：李海燕　　　**文案编辑：**李海燕

责任校对：周瑞红　　　**责任印制：**施胜娟

出版发行 ／ 北京理工大学出版社有限责任公司

社　　址 ／ 北京市丰台区四合庄路 6 号

邮　　编 ／ 100070

电　　话 ／ (010) 68914026（教材售后服务热线）

　　　　　　(010) 63726648（课件资源服务热线）

网　　址 ／ http://www.bitpress.com.cn

版 印 次 ／ 2025 年 6 月第 1 版第 1 次印刷

印　　刷 ／ 涿州市京南印刷厂

开　　本 ／ 787 mm×1092 mm　1/16

印　　张 ／ 15.75

字　　数 ／ 350 千字

定　　价 ／ 75.00 元

前　言

党的二十大报告提出要实施科教兴国战略，强化现代化建设人才支撑，强调要深化教育领域综合改革，加强教材建设和管理。为了响应党中央的号召，深入贯彻全国教育大会和《教育强国建设规划纲要（2024—2035 年)》精神，我们在充分进行调研和论证的基础上，精心编写了这本教材。

随着计算机的发明与日渐成熟的应用，我们迎来了波澜壮阔的信息时代。与计算机相伴而生的信息技术广泛而深入地被应用于行政管理、企业办公、工程应用等行业领域。熟练使用乃至精通基本信息技术成为不少职场人士必须具备的基本能力。

本书以由浅入深、循序渐进的方式展开讲解，以合理的结构和经典的范例对最基本和实用的功能进行了详细的介绍，具有极高的实用价值。通过本书的学习，读者不仅可以掌握信息技术的应用技巧，而且可以掌握基本办公软件的应用，提高日常工作效率。

本书具有以下鲜明特点：

√ 案例新颖，简单易懂

本书从帮助用户快速熟悉和提升信息技术应用技巧的角度出发，尽量结合以最新的 AI 知识为代表的实际应用案例给出详尽的操作步骤与技巧提示，力求将最常见的方法与技巧全面细致地介绍给读者，使读者非常容易掌握。

√ 技能与思政教育紧密结合

在讲解信息技术专业知识的同时，紧密结合思政教育主旋律，从专业知识角度触类旁通引导学生相关思政品质提升。

√ 项目式教学，实操性强

全书采用项目式教学，把信息技术应用知识分解并融入一个个实践操作的训练项目中，增强了本书的实用性。

编　者

目录

项目 一

文字处理

素养目标

1. 通过学习和制作"自荐书"，培养学生的自我认知能力，引导学生正确评价自己的优势和不足；强化学生的诚信意识，教育学生在自荐书中真实反映自己的能力和经历；培养学生的责任感和自我推销能力，鼓励学生积极展现自我，为未来的职业发展打下基础。

2. 通过学习和制作"个人简历"，教育学生了解个人简历在求职过程中的重要性，培养学生的专业素养；引导学生在简历制作中展现自己的职业道德和团队精神，强调诚信和责任感；培养学生的自我规划能力，帮助学生明确职业目标，为未来的职业生涯做好准备。

3. 通过学习和制作"产品宣传海报"，培养学生的市场意识和营销能力，教育学生了解产品宣传的重要性；强化学生的创新思维和团队合作精神，鼓励学生在宣传海报中展现创意和协作能力；引导学生在宣传过程中坚持诚信原则，确保信息的真实性和准确性。

4. 通过学习和制作"邀请函"，培养学生的社交礼仪和沟通能力，教育学生在邀请函中展现礼貌和尊重；强化学生的组织能力和细节管理能力，确保邀请函的准确性和专业性；引导学生在邀请函的制作中展现文化自信，传播积极向上的价值观。

5. 通过学习毕业论文排版，培养学生的学术规范意识，教育学生在论文排版中遵循学术道德和规范；强化学生的逻辑思维和结构化表达能力，确保论文内容的清晰和有条理；引导学生在论文排版中展现严谨的学术态度，为未来的学术研究和职业发展打下坚实的基础。

学习目标

1. 掌握文档的基本操作，如打开、复制、保存文档等操作。

2. 掌握文本编辑、字符的格式设置、段落的格式设置、项目符号与编号、页面设置以及打印等操作。

3. 掌握图片、图形对象等对象的插入、编辑和美化等操作。

4. 掌握在文档中插入和编辑表格、对表格进行美化等操作。

5. 熟悉分页符和分节符的插入，掌握页眉、页脚、页码的插入和编辑等操作。

6. 掌握文档的修订与批注方法。

7. 掌握邮件合并的方法。

任务1 制作"自荐书"

任务描述

本任务将实现在 WPS 文档中输入文本并修改其格式。通过对本任务相关知识的学习和实践，要求学生熟悉 WPS Office 的文字操作界面、文本的输入与格式设置、边框和底纹的设置方法，并完成"自荐书"的制作，其效果如图 1-1 所示。

个人自荐书

尊敬的领导：

您好！

首先，感谢您在百忙之中抽出时间阅读我的自荐书。怀着对贵单位的敬仰与向往，我诚挚地向您推荐自己，并希望能够加入贵单位，贡献自己的力量，实现个人价值与团队发展的双赢。

一、个人简介

- 姓名：×××
- 年龄：23
- 性别：×
- 电话号码：123-4567-8901
- 邮箱：×××@.example.com

我是×××大学××××专业的应届毕业生，在校期间，我不仅注重学术成绩，还积极参与各类实践活动，提高了良好的团队协作和沟通能力。我始终以严谨的学习态度和积极进取的精神面对学业，不仅扎实掌握了专业知识，还注重培养自己的综合能力。

二、实践经历

- 项目名称：×××××××
- 项目时间：（20××年 2 月–20××年 4 月）
- 职能：在项目中负责 ××××××××××

三、个人评价

除了学术和实践方面的积累，我也非常注重个人综合素质的提升。我性格开朗，待人真诚，具有较强的责任心和执行力；在团队合作中，我善于倾听他人意见并主动承担责任；面对困难时，我始终保持乐观的心态，努力寻找解决方案。我相信，这些品质将帮助我更快地融入贵单位的工作环境，并为团队带来积极的影响。

我对贵单位的企业文化和发展理念深感认同，贵单位在××××领域中的卓越成就更是令我钦佩不已。如果有幸能够加入贵单位，我将以饱满的热情、认真的态度和务实的作风投入到工作中，不断学习和成长，全力以赴完成各项任务，为贵单位的发展贡献自己的绵薄之力。

再次感谢您阅读我的自荐书，期待有机会与您进一步交流。祝贵单位事业蒸蒸日上，前程似锦！

此致

敬礼！

自荐人：×××

日期：20××年 5 月 9 日

图 1-1 自荐书效果

相关知识

（一）熟悉 WPS Office 的文字操作界面

1. 进入 WPS Office 的文字操作界面

（1）启动 WPS Office 后，在首页的左侧窗格中单击"新建"按钮 ➕，系统将弹出一个"新建"的文档并默认打开"新建文字"界面，如图 1-2 所示。

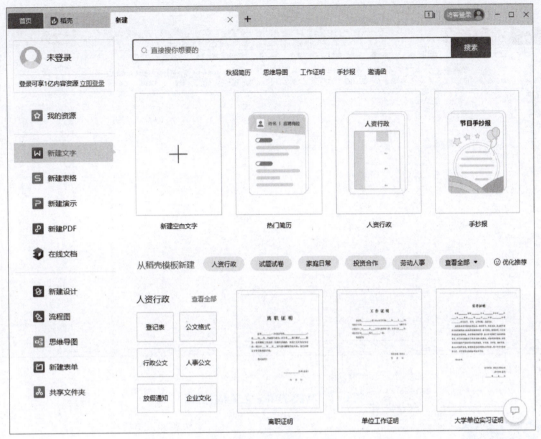

图1-2　"新建文字"界面

（2）单击"新建文字"界面中的"新建空白文字"按钮，"新建"的文档将变为"文字文稿1"文档，进入WPS Office文字操作界面。

2. WPS Office文字操作界面的组成

WPS Office文字操作界面设计直观易用，主要包括标题栏、功能区、工作区和状态栏四部分，如图1-3所示。

1）标题栏

标题栏位于工作窗口的顶端，用于显示正在打开编辑的文档名称（文字文稿1）。

2）功能区

功能区可以隐藏，也可以显示。单击功能区右上方的"隐藏功能区"按钮∧隐藏功能区；单击功能区右上方的"显示功能区"按钮∨展开功能区。

3）工作区

文本编辑区是用户输入文本、插入表格、添加图形、处理图片以及编辑文档等内容的主要工作区域，位于窗口的中心位置，以白色显示，几乎占据了窗口的绝大部分区域。

4）状态栏

状态栏位于工作窗口的最底部，通常会显示文档的页数，当前的页码以及文档的字数统计等信息。

标题栏　　　　　　　　功能区

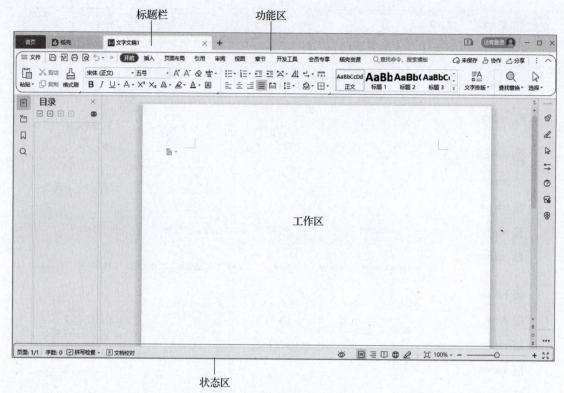

工作区

状态区

图 1−3　WPS Office 文字操作界面

✏️ **提　示**

快速访问工具栏位于功能区之中，如图 1−4 所示，其中放置了几个常用的操作命令按钮。

快速访问工具栏

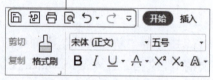

图 1−4　快速访问工具栏

（二）文本的基本操作

1. 输入文本

文本输入主要包括中文和英文输入。设置插入点之后，使用键盘即可在文档中输入文本。使用键盘或鼠标可以在中英文输入法之间灵活切换，并能随时更改英文的大小写状态。

切换中文输入法：Ctrl + Shift 键。

切换中英文输入法：Ctrl + Space（空格键）。

切换英文大小写：Caps Lock 键，或者在英文输入法小写状态下按住 Shift 键，可临时切换到大写（大写下可临时切换到小写）。

切换全角、半角：Shift + Space 键。

在 Windows 系统中，对于中文用户，选择合适的输入法至关重要。系统自带五笔输入法，速度快但难以掌握。对于不熟悉五笔的用户，推荐汉语拼音输入法，如 QQ 拼音、搜狗拼音等，词库丰富但生僻字需选字。用户可根据需求自由安装或卸载输入法。

关于标点，键盘上的按键通常显示上下两个符号。直接按键输入下档字符，如逗号、句号等；而上档字符需同时按 Shift + 符号键，如冒号。

2. 输入特殊符号

"符号"在日常文本输入过程中会经常用到，有些输入法也带有一定的特殊符号，右击软键盘按钮，在打开的快捷菜单中选择特殊字符，结合键盘上的 Shift 键进行输入，除了直接使用键盘来输入常用的基本符号之外，有的时候会用到键盘上不存在的，这时可以使用"符号"对话框插入。

（1）在"插入"选项卡中单击"符号"下拉按钮Ω，在打开的符号下拉列表中可以看到一些常用的符号，如图 1－5 所示。单击需要的符号，即可将其插入文档中。

（2）如果符号下拉列表中没有需要的符号，单击"其他符号(M)…"命令，打开图 1－6 所示的"符号"对话框。

（3）切换到"符号（S）"选项卡，选择字体类型和子集，找到需要的符号，然后单击"插入（I）"按钮关闭对话框，符号将插入文档中。

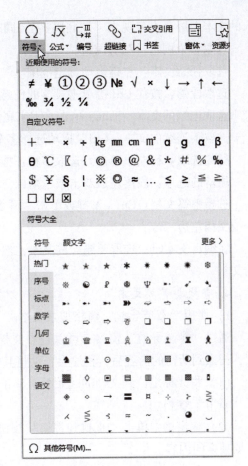

图 1－5　符号下拉列表

图 1－6　"符号"对话框

3. 选择并修改文本

对文本进行编辑的前提是选取文本，一般要按"先选定、后操作"的原则进行。被选取的文本在屏幕上表现为"灰底黑字",同时需要对文本进行编辑操作。

选取单个词组:双击词组。

选取任意文本:左键拖动选定范围。

选取段落:按住 Ctrl 键单击段落的任意位置。

选取连续的文本:Shift + 单击文本末尾。

选取不连续的文本:Ctrl + 拖动选择多个区域。

行的选取:行左边单击。选取多行:拖动或 Shift + 单击结束行。

段落的选取:段落左边双击或段落内三击。

选择整篇文档:Ctrl + A 键或单击"开始"选项卡中"选择"下拉列表中的"全选"命令或文档左边三击。

在编辑文本时,选取要删除的文本,然后按 Delete 键或者 Backspace 键,即可删除选中的文本。

4. 查找与替换文本

1)使用"章节导航"窗格搜索文本

通过"章节导航"窗格,可以查看文档结构,也可以对文档中的某些文本内容进行搜索,搜索到所需的内容后,程序会自动将其突出显示。

(1)将光标定位到文档的起始处,单击"章节"选项卡中的"章节导航"按钮▤,打开"章节"窗格。

(2)在窗格中单击"查找和替换"按钮🔍,打开"查找和替换"窗格,在文本框中输入要搜索的内容。

(3)单击"查找"按钮,将在"导航"窗格中列出文档中包含查找文字的段落,同时会自动将搜索到的内容突出显示。

2)使用"查找和替换"对话框查找文本

通过"查找和替换"对话框查找文本时,可以对文档内容一处一处地进行查找,灵活性比较大。

(1)按 Ctrl + F 组合键,或单击"开始"选项卡中"查找替换"下拉按钮,从打开的下拉列表中单击"查找"命令,打开"查找和替换"对话框,如图 1-7 所示。

(2)在"查找内容"下拉列表框中输入要查找的文本,单击"查找下一处"按钮开始查找,找到的文本高亮显示;若查找的文本不存在,将打开含有提示文字"无法找到您所查找的内容"的对话框。

(3)高级搜索选项:在"查找"对话框中,单击"高级搜索"选项可启用高级搜索功能。设置搜索条件,如大小写、全字匹配或使用通配符等进行高级搜索。

(4)替换文本:按 Ctrl + H 组合键或单击"开始"选项卡中"查找替换"下拉按钮🔍,从打开的下拉列表中单击"替换"命令,打开"查找和替换"对话框,并显示"替换"选项卡,如图 1-8 所示,在"查找内容"中输入要替换的文本,在"替换为"文本框中输入新文本。单击"全部替换"按钮替换所有文本,或先"查找下一处"再选择性"替换"。

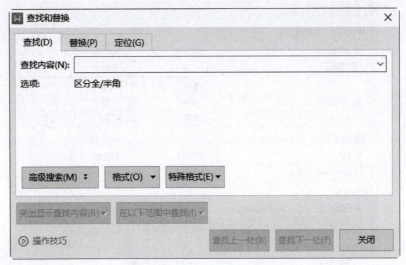

图1-7　"查找和替换"对话框

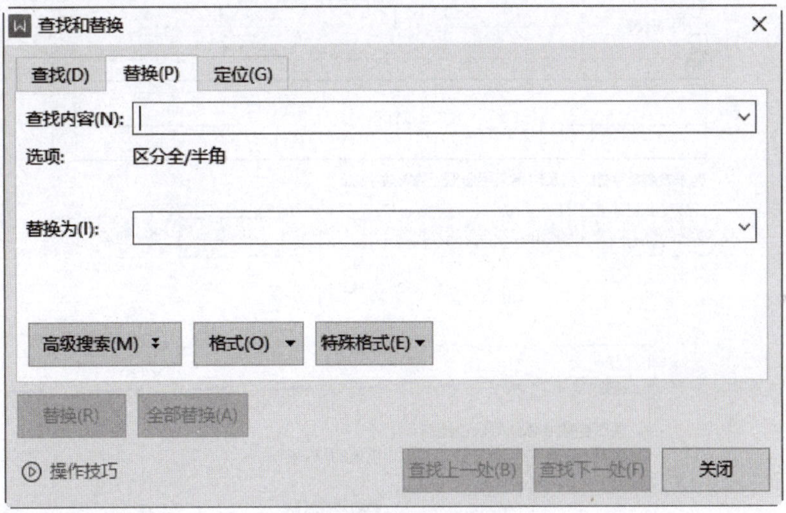

图1-8　"替换"选项卡

(三) 文本的格式设置

1. 设置字体效果

字体即字符的形状，通常包括英文和数字。字号指的是字体的大小，计量单位常用的有"号"和"磅"两种。字形是附加于文本的相应属性，包括常规、加粗等。设置字体效果的方法有两种。

方法1：使用"字体"对话框进行设置

选定文本后，单击"开始"选项卡中"字体"命令的扩展按钮」，打开"字体"对话框，如图1-9所示，设置字体、字号、字形、颜色等。若单击"默认"按钮，将询问是否将当前设置作为软件字体的默认设置，如图1-10所示，确认后所有新文档将采用此默认设置。

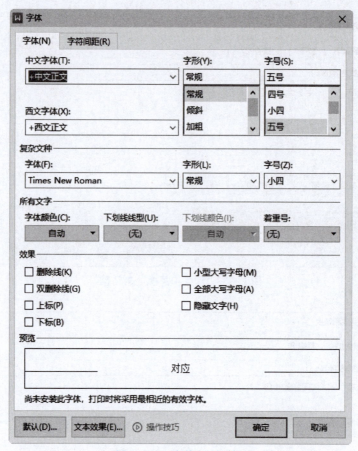

图 1-9 "字体"对话框

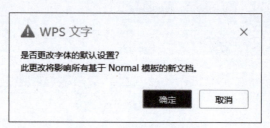

图 1-10 "提示"对话框

方法 2：利用"字体"命令组中的命令按钮设置

（1）选中要设置字体的文本，在"开始"选项卡的"字体"下拉列表框中可以选择字体，如图 1-11 所示。

（2）在"字号"下拉列表框中选择字号，如图 1-12 所示。

WPS 中字号分两种：汉字标示的"号"和阿拉伯数字标示的"磅"。号越小，字符越大；磅值越大，字符也越大。

（3）如果要将字符的笔画线条加粗，在"开始"选项卡中单击"加粗"按钮B。

此时，"加粗"按钮B显示为按下状态，再次单击恢复，同时选定的文本也恢复原来的字形，如图 1-13 所示。

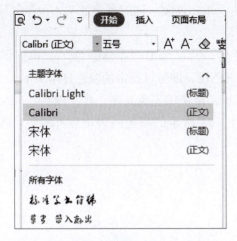

图 1－11　"字体"下拉列表

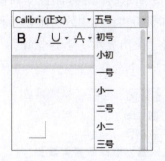

图 1－12　"字号"下拉列表

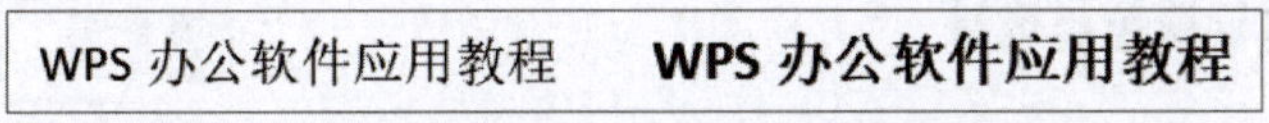

WPS 办公软件应用教程　　**WPS 办公软件应用教程**

图 1－13　加粗前后效果展示

（4）如果希望将字符倾斜一定的角度，在"开始"选项卡中单击"倾斜"按钮 I，如图 1－14 所示。此时，"倾斜"按钮显示为按下状态，再次单击恢复，同时选定的文本也恢复原来的字形。

WPS 办公软件应用教程

图 1－14　倾斜后效果展示

（5）如果希望将字符设置下划线，在"开始"选项卡中单击"下划线"按钮中的三角形，在下拉列表框中选择下划线类型，如图 1－15 所示，软件给出了多种下划线类型，单击设置为单线下划线，效果如图 1－16 所示。

图 1－15　"下划线"下拉列表

WPS 办公软件应用教程

图 1－16　设置下划线效果

此时，"下划线"按钮显示为按下状态，再次单击恢复，同时选定的文本也恢复原来的效果。

（6）选定要设置颜色效果的文本。在"开始"菜单单击"字体颜色"下拉按钮 <u>A</u> ·，打开图 1 –17 所示的"字体颜色"列表框，单击色块，即可以指定的颜色显示文本。

（7）如果希望将选中的文本以某种颜色标示，像使用了荧光笔一样，则在"开始"选项卡中单击"突出显示"下拉按钮 <u>✏</u> ·，在图 1 –18 所示的颜色列表中选择绿色，效果如图 1 –19 所示。

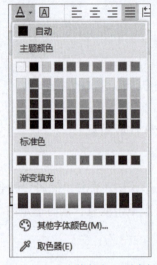

图 1 –17 "字体颜色"列表框

图 1 –18 "突出显示"颜色列表

WPS 办公软件应用教程

图 1 –19 突出显示效果

2. 设置字符宽度、间距与位置

默认情况下，WPS 文档的字符宽度比例是 100%，同一行文本依据同一条基线进行分布。通过修改字符宽度、字符之间的距离与字符显示的位置，可以创建特殊的文本效果。

（1）选定要设置格式的文本。将鼠标指针移到"开始"菜单"字体"功能组右下角的功能扩展按钮 ▪ 上单击，打开"字体"对话框。切换到图 1 –20 所示的"字符间距"选项卡，在"缩放"下拉列表框中选择字符宽度的缩放比例。

如果下拉列表框中没有需要的宽度比例，可以直接输入所需的比例。在"预览"区域可以预览设置效果。

（2）在"间距"下拉列表框中选择需要的间距类型。

字符间距是指文档中相邻字符之间的水平距离。WPS Office 提供了"标准""加宽"和"紧缩"3 种预置的字符间距选项，默认为"标准"。如果选择其他两个选项，还可以在"磅值"数值框中指定具体值。

（3）在"位置"下拉列表框中选择文本的显示位置。

"位置"下拉列表框用于设置相邻字符之间的垂直距离。WPS Office 提供了"标准""上升"和"下降"3 种预置选项。"上升"是指相对于原来的基线上升指定的磅值；"下降"是指相对于原来的基线下降指定的磅值。单击"确定"按钮关闭对话框。

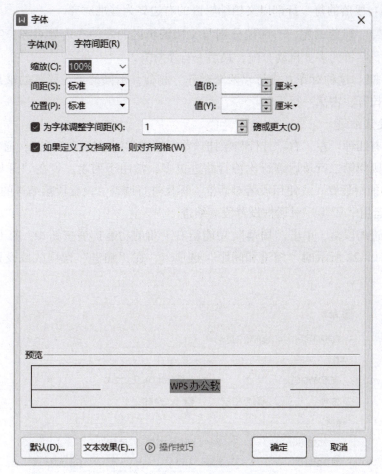

图 1 – 20　"字符间距"选项卡

(四)　段落的格式设置

段落指的用 Enter 键进行了换行后而形成的一段文字，可以具有自身的格式特征，如对齐方式、间距和样式。每个段落都是以段落标记"↵"作为段落的结束标志。每按下 Enter 键结束一段而开始另一段时，生成的新段落会具有与前一段相同的特征，也可以为每个段落设置不同的格式。

1. 段落对齐方式

段落的对齐方式指段落文本在水平方向上的排列方式。

(1) 选中要设置对齐方式的段落。

(2) 在"开始"选项卡的"段落"功能组单击需要的对齐方式，如图 1 – 21 所示。

图 1 – 21　对齐方式

左对齐三：段落的每一行文本都以文档编辑区的左边界为基准对齐。

居中对齐三：段落的每一行都以文档编辑区水平居中的位置为基准对齐。

右对齐 ▤：段落的每一行都以文档编辑区的右边界为基准对齐。

两端对齐 ▤：段落的左、右两端分别与文档编辑区的左、右边界对齐，字与字之间的距离根据每一行字符的多少自动分配，最后一行左对齐。

分散对齐 ▤：这种对齐方式与"两端对齐"相似，不同的是，段落的最后一行文字之间的距离均匀拉开，占满一行。

2. 设置段落缩进

段落缩进有四种：左、右、首行和悬挂。首行缩进常用于标识新段落，通常缩进两个字符。悬挂缩进则使第二行及后续行比首行缩进更多，常用于列表。可在"开始"选项卡中的"段落"功能组设置，或使用段落对话框、标尺进行调整。设置段落缩进的方法有三种。

方法 1：运用"段落"对话框设置段落缩进

选定要缩进的段落，单击"段落"功能组右下角的功能扩展按钮 ▫，打开"段落"对话框。单击图 1-22 所示的"缩进和间距"选项卡，在"缩进"选项区域设置缩进方式和缩进值。

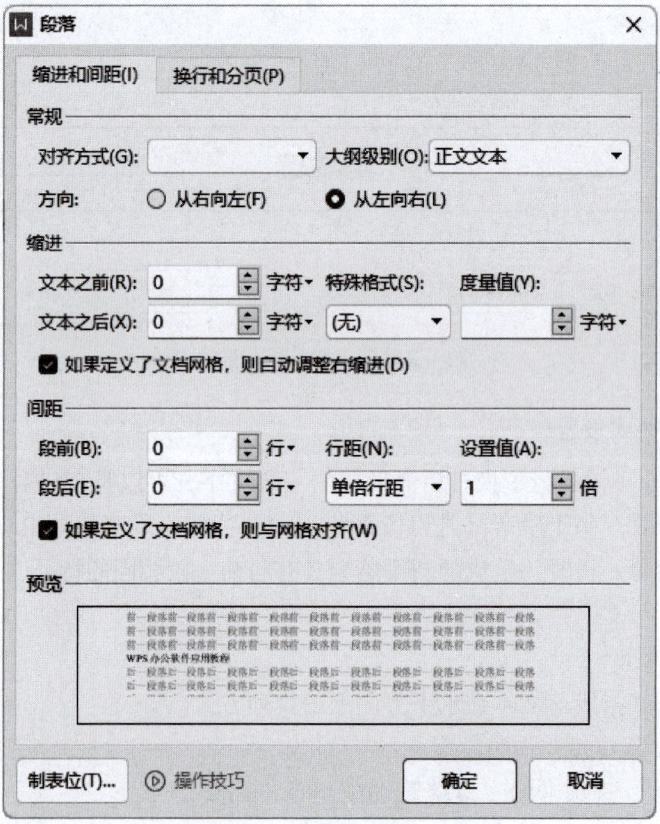

图 1-22 "缩进和间距"选项卡

方法 2：运用功能组中的命令设置段落的缩进

定位光标或选定段落，在"开始"选项卡的"段落"功能组中，单击"减少缩进量"按钮 ▤ 或者"增加缩进量"按钮 ▤，可快速调整段落缩进量。

方法3：运用标尺设置段落的缩进

WPS Office 不显示标尺，在"视图"选项卡中勾选"标尺"复选框，显示文档标尺。拖动标尺上的"左缩进"⌷、"右缩进"△和"首行缩进"▽标记来设置缩进，如图1－23所示。

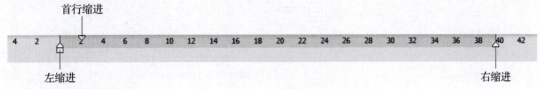

图1－23　水平标尺

3. 设置段落缩进

段落间距包括段间距和行间距。段间距是指相邻两个段落前、后的空白距离；行间距是指段落中行与行之间的垂直距离。

（1）选定要设置段间距的段落，单击"段落"功能组右下角的功能扩展按钮■，打开"段落"对话框。切换到"缩进和间距"选项卡，在"间距"选项区域分别设置段前、段后和行之间的距离，如图1－22所示。

段前：段落首行之前的空白高度。

段后：段落末行之后的空白高度。

（2）行距表示各行文本间的垂直距离。选定要更改其行距的段落，在图1－24所示的"行距"下拉列表中选择所需的行距。

单倍行距：可以容纳本行中最大的字体的行间距，通常不同字号的文本行距也不同。如果同一行中有大小不同的字体或者上、下标，WPS自动增减行距。

图1－24　"行距"
下拉列表

1.5 倍行距：行距设置为单倍行距的1.5 倍。

2 倍行距：行距设置为单倍行距的2 倍。

最小值：行距为能容纳此行中最大字体或者图形的最小行距。如果在"设置值"中输入一个值，那么行距不会小于此值。

固定值：行距等于在"设置值"文本框中设置的值。

多倍行距：行距设置为单位行距的倍数。

设置文档格式还有一种最快捷的方法，选择需要设置的文档，软件自动打开可以设置文档的浮动工具栏，在此工具栏可以设置字体效果和段落效果。

4. 设置边框和底纹

1）设置边框

（1）选中需要设置边框和底纹的段落。在"开始"选项卡"段落"功能组中单击"边框"下拉按钮田▾，在打开的下拉列表中单击"边框和底纹"命令，如图1－25 所示。

（2）在图1－26 所示的"边框和底纹"对话框的"边框"选项卡中，设置边框的样式、线型、颜色和宽度。

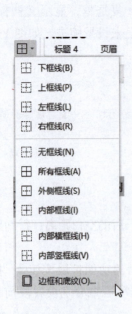

图 1-25 "边框"下拉列表 ｜ 图 1-26 "边框和底纹"对话框

（3）如果在"设置"选项区域选择的是"自定义"，还应在"预览"区域单击段落示意图四周的边框线按钮🔲（上）、🔲（下）、🔲（左）、🔲（右）添加或取消对应位置的边框线。也可以直接单击预览区域中的段落示意图的上、下、左、右边添加或取消边框线，如图 1-27 所示添加了上边框线。

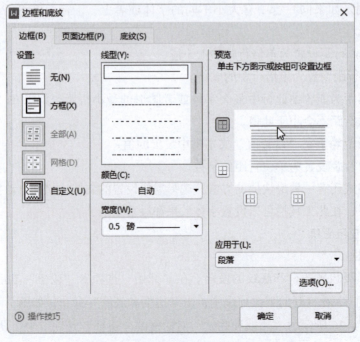

图 1-27 在段落示意图四周单击添加边框线

（4）将上下左右均添加边框线，在"应用于"下拉列表框中选择边框的应用范围。如果选择"段落"，则在段落四周显示边框线，如图 1-28 所示；如果选择"文字"，则在文字四周显示边框线，如图 1-29 所示。

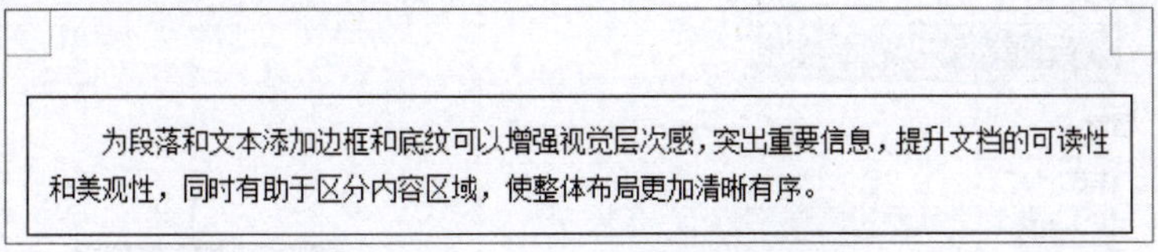

为段落和文本添加边框和底纹可以增强视觉层次感，突出重要信息，提升文档的可读性和美观性，同时有助于区分内容区域，使整体布局更加清晰有序。

图 1-28　段落四周显示边框线

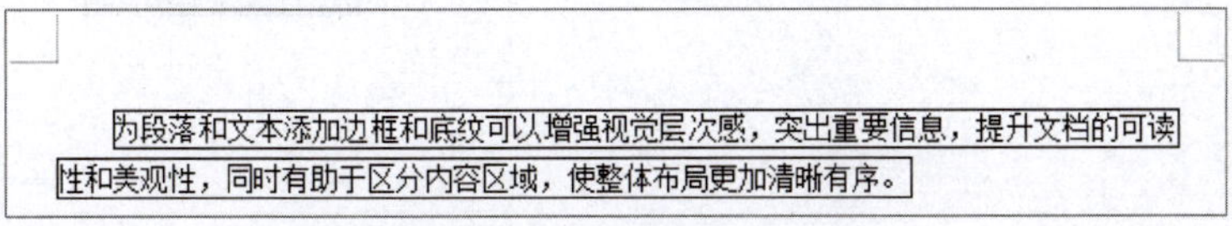

为段落和文本添加边框和底纹可以增强视觉层次感，突出重要信息，提升文档的可读性和美观性，同时有助于区分内容区域，使整体布局更加清晰有序。

图 1-29　文字四周显示边框线

（5）单击"选项"按钮打开如图 1-30 所示的"边框和底纹选项"对话框，设置边框和底纹与正文内容四周的距离。设置完成后，单击"确定"按钮返回"边框和底纹"对话框，结果如图 1-31 所示。

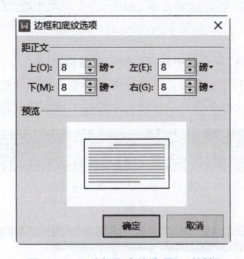

图 1-30　"边框和底纹选项"对话框

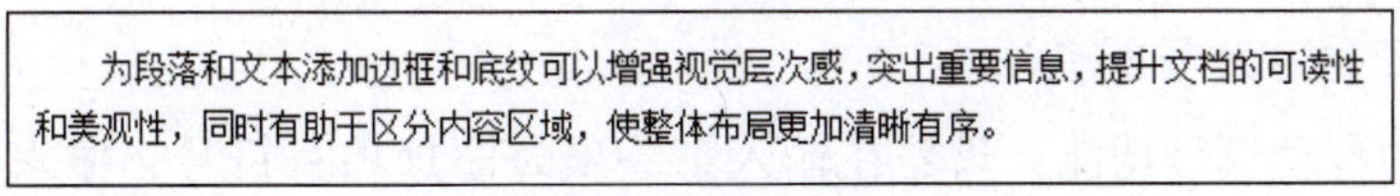

为段落和文本添加边框和底纹可以增强视觉层次感，突出重要信息，提升文档的可读性和美观性，同时有助于区分内容区域，使整体布局更加清晰有序。

图 1-31　设置距离效果图

2）设置底纹

（1）在"边框和底纹"对话框中切换到图 1-32 所示的"底纹"选项卡，设置底纹的填充颜色、图案样式和图案的前景色。

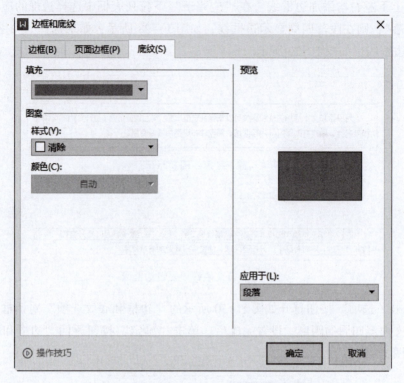

图1-32 "底纹"选项卡

（2）在"应用于"下拉列表框中选择底纹要应用的范围。

应用于段落的底纹是衬于整个段落区域下方的一整块矩形背景，如图1-33所示，而应用于文字的底纹只在段落文本下方显示，没有字符的区域不显示底纹，如图1-34所示。

图1-33 段落设置底纹效果

为段落和文本添加边框和底纹可以增强视觉层次感，突出重要信息，提升文档的可读性和美观性，同时有助于区分内容区域，使整体布局更加清晰有序。

图1-34 文字设置底纹效果

（五）项目符号和编号的使用

借助WPS的自动编号功能，只需在输入第一项时添加项目符号，输入其他列表项时自动添加项目符号。

（1）选中列表的第一项或将光标置于第一项文本中，如已有多项，可全选。

（2）单击"开始"选项卡中的"项目符号"下拉按钮⁝☰·，打开图1-35所示的项目符号下拉列表。

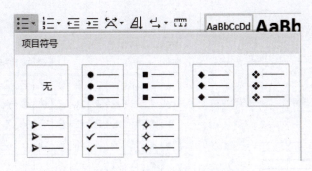

图 1-35　"项目符号"下拉列表

（3）从下拉列表中选择项目符号样式，为选定段落添加。

（4）按 Enter 键继续输入并自动添加项目符号。

（5）在符号后输入列表项内容，重复步骤（4）添加更多项。

（6）输入完成后，换行并删除自动添加的最后一个项目符号，结束列表。

如果项目符号下拉列表中没有需要的符号样式，用户还可以自定义一种符号作为项目符号。

（1）在"项目符号"下拉列表中选择"自定义项目符号"命令，打开图 1-36 所示的"项目符号和编号"对话框。

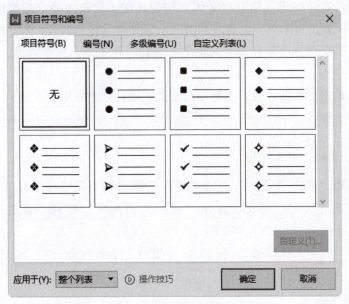

图 1-36　"项目符号和编号"对话框

（2）在符号列表中选择一种符号样式（不能选择"无"），单击"自定义"按钮打开图 1-37 所示的"自定义项目符号列表"对话框。

（3）单击"字符"按钮打开图 1-38 所示的"符号"对话框，设置符号字体后，在符号列表框中选择需要的符号，单击"插入"按钮返回"自定义项目符号列表"对话框。

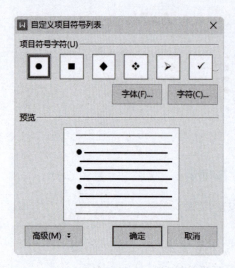

图 1-37 "自定义项目符号列表"对话框

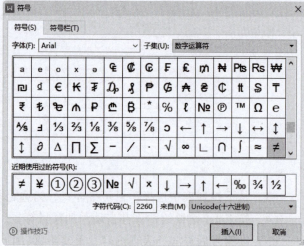

图 1-38 "符号"对话框

此时，在"自定义项目符号列表"对话框的符号列表中可以看到添加的符号，在"预览"区域可以看到项目符号的效果。

（1）单击"高级"按钮，设置项目符号和文本缩进位置。

（2）修改项目符号格式：单击"字体"按钮，在"复杂文种"区域设置字形和字号，在"所有文字"区域设置颜色。完成后返回"自定义项目符号列表"对话框。

（3）在"自定义项目符号列表"对话框中选择应用范围：整个列表、插入点之后或所选文字。

（4）单击"确定"按钮，查看文档中自定义的项目列表效果。

任务实施

（一）文字处理软件基本操作

（1）启动 WPS，单击"首页"上的"新建"按钮➕，系统将弹出一个"新建"的文档并默认打开"新建文字"界面，单击"新建空白文字"按钮，新建一个空白的文字文档。

（2）输入文本"个人自荐书"，按 Enter 键换行，输入其余文本，设置结果如图 1-39 所示。

（二）设置字体格式

（1）选中"个人自荐书"文本，在"开始"选项卡的"字体"下拉列表框中选择"方正舒体"，在"字号"下拉列表框中选择"二号"字体，设置结果如图 1-40 所示。

（2）选中"一、个人简介"小标题文本，在"开始"选项卡的"字体"下拉列表框中选择"宋体"，在"字号"下拉列表框中选择"小四"字体，加粗，如图 1-41 所示，同理设置其他小标题。

个人自荐书
尊敬的领导：
您好！
首先，感谢您在百忙之中抽出时间阅读我的自荐书。怀着对贵单位的敬仰与向往，我诚挚地向您推荐自己，并希望能够加入贵单位，贡献自己的力量，实现个人价值与团队发展的双赢。
一、个人简介
姓名：×××
年龄：23
性别：×
电话号码：123-4567-8901
邮箱：×××@.example.com
我是××××大学××××专业的应届毕业生，在校期间，我不仅注重学术成绩，还积极参与各类实践活动，提高了良好的团队协作和沟通能力。我始终以严谨的学习态度和积极进取的精神面对学业，不仅扎实掌握了专业知识，还注重培养自己的综合能力。
二、实践经历
项目名称：×××××××
项目时间：（20××年2月—20××年4月）
职能：在项目中负责 ××××××××××
三、个人评价
除了学术和实践方面的积累，我也非常注重个人综合素质的提升。我性格开朗，待人真诚，具有较强的责任心和执行力；在团队合作中，我善于倾听他人意见并主动承担责任；面对困难时，我始终保持乐观的心态，努力寻找解决方案。我相信，这些品质将帮助我更快地融入贵单位的工作环境，并为团队带来积极的影响。
我对贵单位的企业文化和发展理念深感认同，贵单位在××××领域中的卓越成就更是令我钦佩不已。如果有幸能够加入贵单位，我将以饱满的热情、认真的态度和务实的作风投入到工作中，不断学习和成长，全力以赴完成各项任务，为贵单位的发展贡献自己的绵薄之力。
再次感谢您阅读我的自荐书，期待有机会与您进一步交流。祝贵单位事业蒸蒸日上，前程似锦！
此致
敬礼！
自荐人：×××
日期：20××年5月9日

图1-39 输入文本

个人自荐书
尊敬的领导：
您好！
首先，感谢您在百忙之中抽出时间阅读我的自荐书。怀着对贵单位的敬仰与向往，我诚挚地向您推荐自己，并希望能够加入贵单位，贡献自己的力量，实现个人价值与团队发展的双赢。

图1-40 设置标题字体格式

一、个人简介
姓名：×××
年龄：23
性别：×
电话号码：123-4567-8901
邮箱：×××@.example.com

图1-41 设置小标题字体格式

（3）选中正文文本，在"开始"选项卡的"字体"下拉列表框中选择"宋体"，在"字号"下拉列表框中选择"五号"字体，设置结果如图1–42所示。

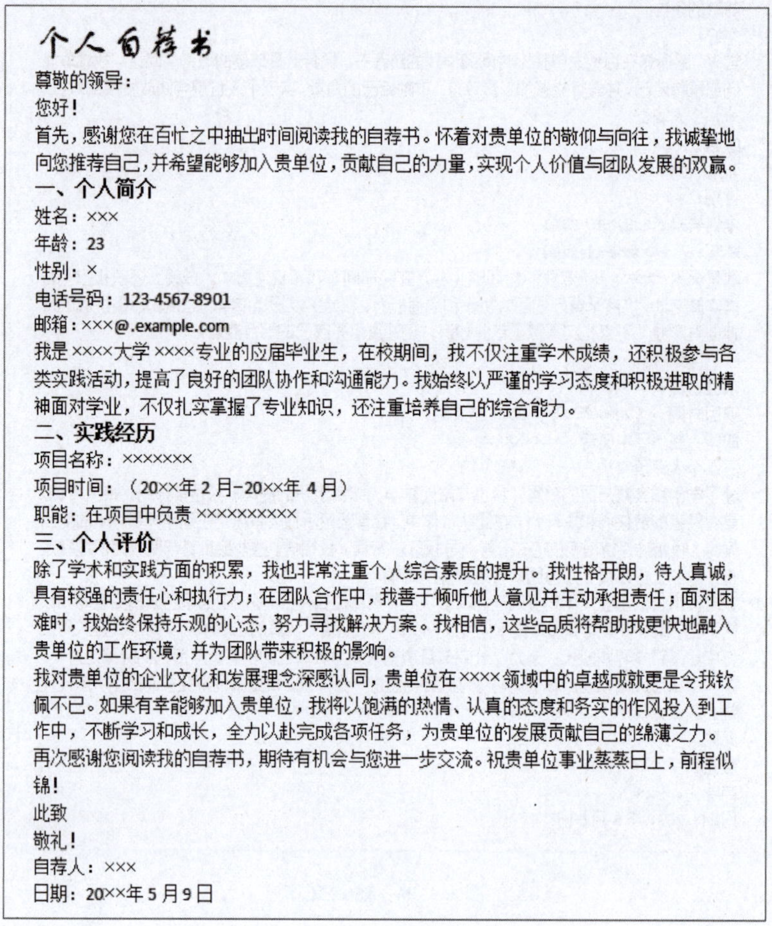

图1–42　设置正文字体格式

（三）设置段落格式

（1）选中"个人自荐书"文本，在"开始"选项卡的"段落"功能组中单击"居中对齐"按钮三，设置结果如图1–43所示。

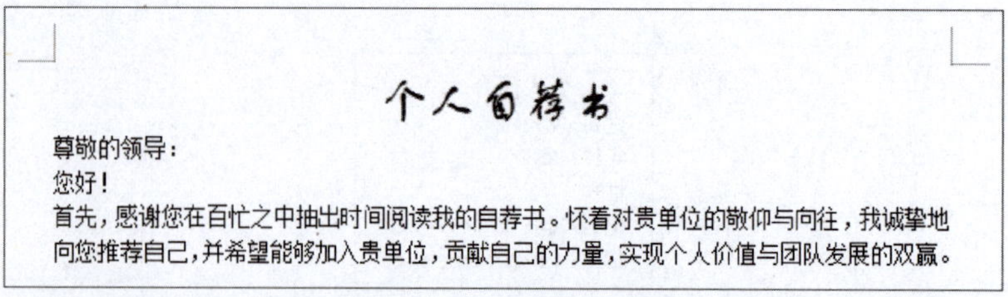

图1–43　设置标题段落格式

（2）选中正文文本，单击"段落"功能组右下角的功能扩展按钮，打开"段落"对话框。选择"缩进和间距"选项卡，设置"特殊格式"为"首行缩进"，"度量值"为"2字符"，行距为"1.15 倍"，设置结果如图 1-44 所示。

尊敬的领导：

您好！

首先，感谢您在百忙之中抽出时间阅读我的自荐书。怀着对贵单位的敬仰与向往，我诚挚地向您推荐自己，并希望能够加入贵单位，贡献自己的力量，实现个人价值与团队发展的双赢。

一、个人简介

姓名：×××

年龄：23

性别：×

电话号码：123-4567-8901

邮箱：XXX@.example.com

我是××××大学××××专业的应届毕业生，在校期间，我不仅注重学术成绩，还积极参与各类实践活动，提高了良好的团队协作和沟通能力。我始终以严谨的学习态度和积极进取的精神面对学业，不仅扎实掌握了专业知识，还注重培养自己的综合能力。

二、实践经历

项目名称：×××××××

项目时间：（20××年 2 月-20××年 4 月）

职能：在项目中负责 ××××××××××

三、个人评价

除了学术和实践方面的积累，我也非常注重个人综合素质的提升。我性格开朗，待人真诚，具有较强的责任心和执行力；在团队合作中，我善于倾听他人意见并主动承担责任；面对困难时，我始终保持乐观的心态，努力寻找解决方案。我相信，这些品质将帮助我更快地融入贵单位的工作环境，并为团队带来积极的影响。

我对贵单位的企业文化和发展理念深感认同，贵单位在××××领域中的卓越成就更是令我钦佩不已。如果有幸能够加入贵单位，我将以饱满的热情、认真的态度和务实的作风投入到工作中，不断学习和成长，全力以赴完成各项任务，为贵单位的发展贡献自己的绵薄之力。

再次感谢您阅读我的自荐书，期待有机会与您进一步交流。祝贵单位事业蒸蒸日上，前程似锦！

此致

敬礼！

自荐人：×××

日期：20××年 5 月 9 日

图 1-44 设置正文段落格式

（四）设置边框和底纹

（1）选中除了"个人自荐书"之外的全部文本，在"开始"选项卡"段落"功能组中单击"边框"下拉按钮，在打开的下拉列表中选择"边框和底纹"命令，打开"边框和底纹"对话框，在"边框"选项卡中"设置"为"方框"，"线性"设置自己心仪的线性即可，"应用于"下拉列表选择"段落"，设置完成后单击"确定"按钮，结果如图 1-45所示。

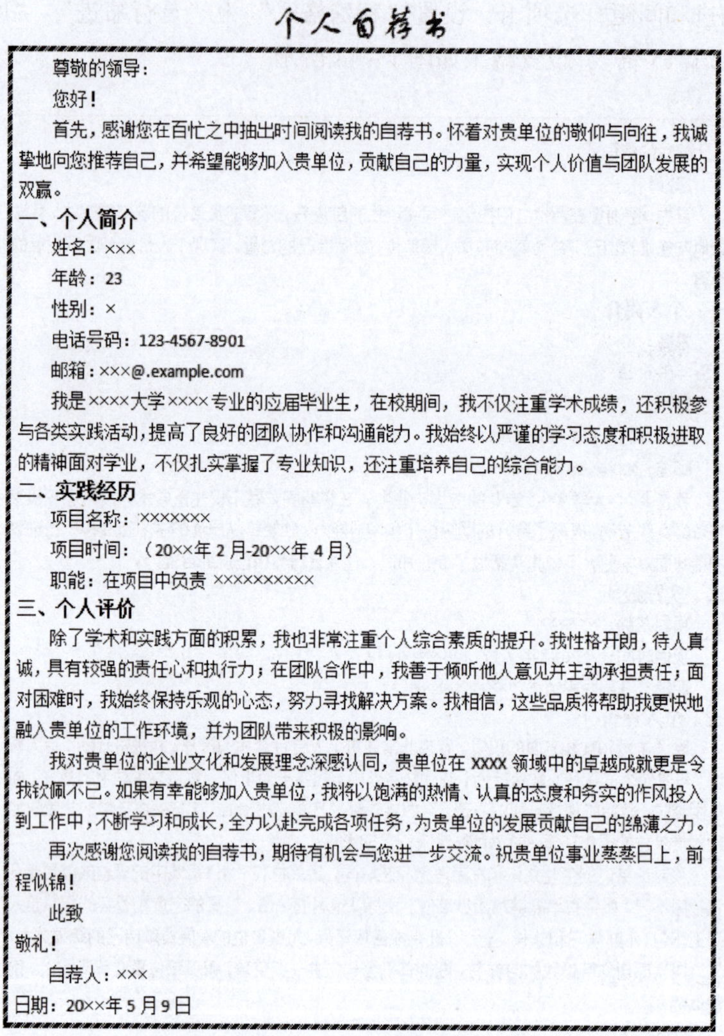

个人自荐书

尊敬的领导：

您好！

首先，感谢您在百忙之中抽出时间阅读我的自荐书。怀着对贵单位的敬仰与向往，我诚挚地向您推荐自己，并希望能够加入贵单位，贡献自己的力量，实现个人价值与团队发展的双赢。

一、个人简介

姓名：×××

年龄：23

性别：×

电话号码：123-4567-8901

邮箱：×××@.example.com

我是××××大学××××专业的应届毕业生，在校期间，我不仅注重学术成绩，还积极参与各类实践活动，提高了良好的团队协作和沟通能力。我始终以严谨的学习态度和积极进取的精神面对学业，不仅扎实掌握了专业知识，还注重培养自己的综合能力。

二、实践经历

项目名称：×××××××

项目时间：（20××年2月-20××年4月）

职能：在项目中负责 ×××××××××

三、个人评价

除了学术和实践方面的积累，我也非常注重个人综合素质的提升。我性格开朗，待人真诚，具有较强的责任心和执行力；在团队合作中，我善于倾听他人意见并主动承担责任；面对困难时，我始终保持乐观的心态，努力寻找解决方案。我相信，这些品质将帮助我更快地融入贵单位的工作环境，并为团队带来积极的影响。

我对贵单位的企业文化和发展理念深感认同，贵单位在 xxxx 领域中的卓越成就更是令我钦佩不已。如果有幸能够加入贵单位，我将以饱满的热情、认真的态度和务实的作风投入到工作中，不断学习和成长，全力以赴完成各项任务，为贵单位的发展贡献自己的绵薄之力。

再次感谢您阅读我的自荐书，期待有机会与您进一步交流。祝贵单位事业蒸蒸日上，前程似锦！

此致

敬礼！

自荐人：×××

日期：20××年5月9日

图 1 – 45　设置边框

（2）选中小标题，在"开始"选项卡"段落"功能组中单击"边框"下拉按钮田，在打开的下拉列表中选择"边框和底纹"命令，打开"边框和底纹"对话框，切换到"底纹"选项卡，设置"填充"为"灰色–25%，背景2"，"应用于"下拉列表选择"段落"，设置完成后单击"确定"按钮，结果如图 1 – 46 所示。

（五）设置项目符号和编号

（1）选中需要设置项目符号的文本，单击"开始"选项卡中的"项目符号"下拉按钮三，在打开的项目符号列表中选择自己心仪的符号，最终结果如图 1 – 1 所示。

（2）单击访问快速工具栏上的"保存"按钮，打开"另存文件"对话框，指定保存位置，输入文件名为"自荐书"，单击"保存"按钮，保存文档。

图 1-46　设置底纹

任务 2　制作 "个人简历"

任务描述

本任务将实现在 WPS 文档中创建、修改表格。通过对本任务相关知识的学习和实践，要求学生掌握表格的创建、表格的基本操作、表格与文本的相互转换、表格的美化、并完成 "个人简历" 的制作。效果如图 1-47 所示。

个人简历

求职意向	汽车制造、汽车维修			
姓　名	胡鑫鑫	出生年月	2003 年 7 月	（照片）
性　别	男	政治面貌	党员	
籍　贯	河北省石家庄市	最高学历	专科	
邮　箱	050000	联系电话	18699999999	
地　址	×××职业技术学院 001 信箱			
教育经历	2009 年 9 月—2015 年 7 月　×××小学 2015 年 9 月—2018 年 7 月　×××中学初中 2018 年 9 月—2021 年 7 月　×××中学高中 2021 年 9 月—2024 年 7 月　×××职业技术学院			
主修课程	汽车构造，汽车电子电气系统检修，新能源汽车技术，新能源汽车电池，车载网络技术，新能源汽车安全操作与维护，新能源汽车综合故障诊断			
实习经历	2022 年 10 月，在本院参加群众服务月活动，为社会各界车主朋友提供汽车保养咨询和服务，以工作耐心负责、讲解明晰透彻受到公司的好评。 2023 年 6 月—2024 年 6 月，在长城汽车公司实习期间，独立完成了新能源汽车装配和检测全流程工作，由于吃苦耐劳，认真负责，被选为实习车间工段长。			
荣誉证书	2022 年获得院校级二等奖学金；2023 年获得院校级一等奖学金。			
校园经历	在校期间积极参加学校管理担任了院团委组织委员、班级学习委员。			
自我评价	个性坚韧，能吃苦耐劳，工作认真，有突出的钻研开拓精神；为人热情乐观，兴趣广泛，适应性强，人际关系和睦；有优秀的组织、协调能力，善于沟通，有良好的团队协作精神。			

图 1–47　个人简历

相关知识

（一）表格的基础知识

　　表格在排版中的应用非常广泛，比如个人简历，甚至还可以通过表格对文档元素进行布局控制，作为文档版式设计的辅助工具来使用，如用表格来控制图片图形等元素的位置。使用表格结合控件，可以制作出智能的信息统计文档，并对统计的数据做规范性限定。

　　WPS Office 提供了多种创建表格的方法，读者可以根据自己的使用习惯灵活选择。

　　将插入点定位在文档中要插入表格的位置，然后单击"插入"选项卡中的"表格"下拉按钮 ，打开图 1–48 所示的下拉列表。

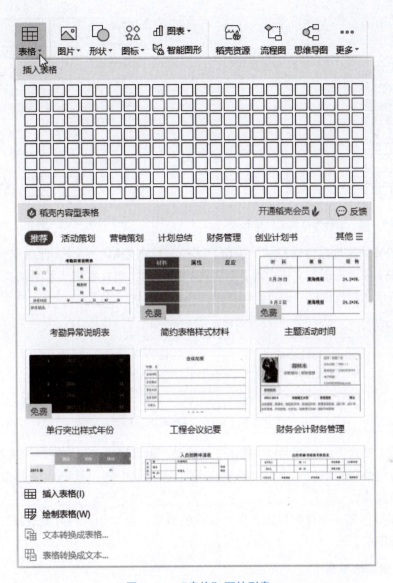

图1-48　"表格"下拉列表

在"表格"下拉列表中可以看到，WPS在这里提供了4种创建表格的方式，下面分别进行简要介绍。

（1）如果要快速创建一个无任何样式的表格，在下拉列表中的表格模型上移动鼠标指定表格的行数和列数，选中的单元格区域显示为橙色，表格模型顶部显示当前选中的行列数，如图1-49所示。单击，即可在文档中插入表格，列宽按照窗口宽度自动调整。

（2）如果要创建特定列宽的表格，在下拉列表中单击"插入表格"命令，打开图1-50所示的"插入表格"对话框。在对话框中分别指定表格的列数和行数，然后在"列宽选择"区域指定表格列宽。如果希望以后创建的表格自动设置为当前指定的尺寸，则勾选"为新表格记忆此尺寸"复选框。设置完成后，单击"确定"按钮插入表格。

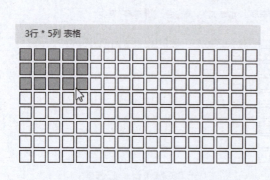

图1-49 使用表格模型创建表格

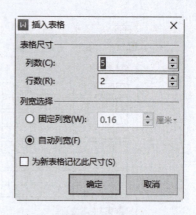

图1-50 "插入表格"对话框

（3）如果要快速创建特殊结构的表格，选择"绘制表格"命令，此时鼠标指针显示为铅笔形 ⌀ ，按下左键拖动，文档中将显示表格的预览图，指针右侧显示当前表格的行列数，如图1-51所示。释放鼠标，即可绘制指定行列数的表格。

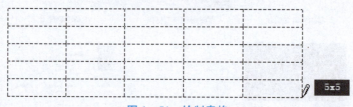

图1-51 绘制表格

在表格绘制模式下，在单元格中按下左键拖动，就可以很方便地绘制斜线表头，或将单元格进行拆分。绘制完成后，单击"表格工具"选项卡中的"绘制表格"按钮 绘制表格，即可退出绘制模式。

（4）如果要创建一个自带样式和内容格式的表格，在"插入内容型表格"区域单击需要的表格模板图标。

（二）表格的基本操作

建立表格后，如不满足要求，可以对表格进行编辑，如改变表格的大小和位置、插入或删除行、列、单元格，合并、拆分单元格等。

1. 选取整个表格

将光标置于表格中的任意位置，表格的左上角和右下角将出现表格控制点。单击左上角的控制点 ⊞ ，或右下角的控制点 ⬓ ，即可选取整个表格。

2. 选取单元格

（1）选取单个单元格：直接在单元格中单击；或将鼠标指针置于单元格的左边框位置，当指针显示为黑色箭头 ↗ 时单击。

（2）选取矩形区域内的多个连续单元格：在要选取的第一个单元格中按下左键拖动到最后一个单元格释放；或选中一个单元格后，按住 Shift 键单击矩形区域对角顶点处的单元格。

（3）选取多个不连续单元格：选中第一个要选择的单元格后，按住 Ctrl 键的同时单击其他单元格。

3．选取行

（1）选取一行：将鼠标指针移到某行的左侧，指针显示为白色箭头◢时单击。

（2）选取连续的多行：将鼠标指针移到某行的左侧，指针显示为白色箭头◢时，按住左键向下或向上拖动。

（3）选取不连续的多行：选中第一行后，按住 Ctrl 键在其他行的左侧单击。

4．选取列

（1）选取一列：将鼠标指针移到某列的顶部，指针显示为黑色箭头↓时单击。

（2）选取连续的多列：将鼠标指针移到某列的顶部，指针显示为黑色箭头↓时，按住左键向前或向后拖动。

（3）选取不连续的多列：选中第一列后，按住 Ctrl 键在其他列的顶部单击。

5．改变表格的大小和位置

（1）拖动表格右下角的控制点⬚，可以调整表格的宽度和高度。

（2）拖动表格左上角的移动标记✛，可以移动表格到所需位置。

6．插入行和列

将光标定位于表格中需要插入行、列或者单元格的位置。在"表格工具"选项卡中，利用图 1 – 52 所示的功能按钮可方便地插入行或列。

图 1 – 52　功能按钮

如果要在表格底部添加行，可以直接单击表格底边框上的 + 按钮或将光标置于末行行尾的段落标记前，直接按 Enter 键插入一行。如果要在表格右侧添加列，直接单击表格右边框上的 ⋅ 按钮。

7．插入单元格

将光标置于要插入单元格的位置，单击图 1 – 52 所示的功能组右下角的扩展按钮▫，打开"插入单元格"对话框，如图 1 – 53 所示。选择相应的插入方式后，单击"确定"按钮即可。

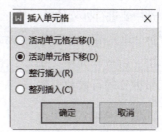

图 1 – 53　"插入单元格"对话框

8．删除行、列和单元格

如果要删除单元格、行或列，则选中相应的表格元素之后，单击"删除"下拉按钮▦，在图 1 – 54 所示的下拉列表中选择要删除的表格元素。单击"单元格"命令，在图 1 – 55 所示的"删除单元格"对话框中可以选择填补空缺单元格的方法。

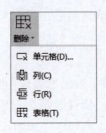

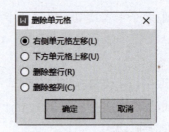

图 1-54 "删除"下拉列表　　　　图 1-55 "删除单元格"对话框

✏️ 提　示

选取单元格后，按 Delete 键只能删除该单元格中的内容，不会从结构上删除单元格。使用"删除单元格"对话框不仅可以删除单元格内容，也会在表格结构上删除单元格。

9. 合并单元格

将多个单元格合并为一个。合并单元格有以下两种方法。

（1）选中需要合并的单元格，单击"表格工具"选项卡中的"合并单元格"按钮⊞，或者右击，在弹出的右键菜单中单击"合并单元格"命令，如图 1-56 所示。合并单元格后，原来单元格的列宽和行高合并为当前单元格的列宽和行高。

（2）选中需要合并的单元格，单击"表格工具"选项卡中的"擦除"按钮⊞，此时鼠标指针显示为橡皮擦形状✍️，在要合并的两个单元格之间的边框线上按下左键拖动，选中的边框线变为红色粗线，释放鼠标，即可擦除边框线，共用该边框线的两个单元格合并为一个。

10. 拆分单元格

将一个单元格拆分为多个。

选中要进行拆分的单元格。单击"表格工具"选项卡中的"拆分单元格"按钮⊞ 拆分单元格，或者右击，在右键菜单

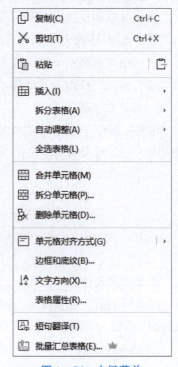

图 1-56 右键菜单

中单击"拆分单元格"命令，打开图 1-57 所示的"拆分单元格"对话框，指定将选中的单元格拆分的行数和列数。

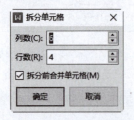

图 1-57 "拆分单元格"对话框

如果选择了多个单元格，勾选"拆分前合并单元格"复选框，可以先合并选定的单元格，然后进行拆分。单击"确定"按钮关闭对话框，即可看到拆分效果。

11. 调整表格的列宽与行高

创建表格后，可以根据表格内容的需要调整表格的列宽与行高。

1）使用鼠标调整表格的列宽与行高

若要改变列宽或行高，可以将指针停留在要更改其宽度的列的边框线上，直到鼠标指针变为↔形状时，按住鼠标左键拖动，达到所需列宽（或行高）时，松开鼠标即可。

2）使用对话框调整行高与列宽

用鼠标拖动的方法直观但不易精确掌握尺寸，使用功能区中的命令或者表格属性可以精确地设置行高与列宽。将光标置于要改变列宽和行高的表格中，在"表格工具"选项卡中单击"表格属性"按钮 <kbd>表格属性</kbd>，在图1−58所示的对话框中可以精确设置表格宽度；切换到"行"和"列"选项卡，可以分别设置行高与列宽。设置完成后，单击"确定"按钮关闭对话框。

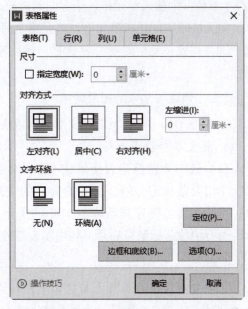

图1−58 "表格属性"对话框

12. 美化表格

创建表格后，通常还需要设置表格内容的格式，美化表格外观。

（1）在图1−59所示的"表格样式"选项卡下，可以设置表格的填充方式，然后在"表格样式"下拉列表框中单击套用一种内置的表格样式。

图1−59 使用表格样式

如果内置的样式列表中没有理想的样式，可以选中表格元素后，单击"底纹"下拉按钮 <kbd>底纹</kbd> 设置底纹颜色；单击"边框"下拉按钮 <kbd>边框</kbd>，自定义边框样式和位置。表格的底纹、边框设置方法与段落相同，在此不再赘述。

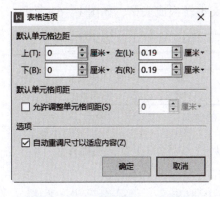

图1−60 "表格选项"对话框

如果希望单元格中的内容不要紧贴边框线开始显示，或单元格之间显示空隙，可以分别设置单元格边距和间距。

（2）将光标置于表格的任一单元格中，在"表格工具"选项卡中单击"表格属性"按钮 <kbd>表格属性</kbd>，打开"表格属性"对话框。在"表格"选项卡中单击"选项"按钮，弹出图1−60所示的"表格选项"对话框进行设置。

单元格边距是指单元格中的内容与单元格上、下、左、右边框线的距离。分别在"上""下""左"

"右"数值框中输入单元格各个方向的边距。

单元格间距则是指单元格与单元格之间的距离，默认为零。如果要设置单元格间距，勾选"允许调整单元格间距"复选框，然后输入数值。设置完成后，单击"确定"按钮完成操作。

（三）表格与文本的相互转换

在 WPS Office 中，可以将文本转换成表格，也可以把编辑好的表格转换成文本。

1. 将文本转换成表格

（1）选中要转换为表格的文本，并将要转换为表格行的文本用段落标记分隔，要转换为列的文本用分隔符（逗号、空格、制表符等其他特定字符）分开，如图 1－61 所示，每行用段落标记符隔开，列用制表符分隔。

序号>品牌>商品名>单价>购买地点
1>A>茶叶>180>××超市
2>B>速溶咖啡>69>××便利店
3>C>酸奶>89>××鲜果店

图 1－61 待转换的文本

> **注意**
>
> 将文本转换为表格之前，必须先格式化文本，否则 WPS 不能正确识别表格的行、列分隔，从而发生错误。如果要以逗号分隔文本内容，则逗号必须在英文状态下输入。如果连续的两个分隔符之间没有输入内容，则转换成表格后，两个分隔符之间的空白将转换成一个空白的单元格。

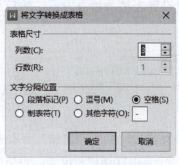

图 1－62 "将文字转换成表格"对话框

（2）选取文本，单击"插入"选项卡中的"表格"下拉列表中的"文本转换成表格"命令，弹出图 1－62 所示的"将文字转换成表格"对话框。

（3）WPS 根据段落标记符和列分隔符自动填充"行数"和"列数"，用户也可以根据需要进行修改。

（4）在"文字分隔位置"中选择将文本转换成行或列的位置。选择段落标记指示文本要开始的新行的位置；选择逗号、空格、制表符等特定的字符指示文本分成列的位置。

（4）单击"确定"按钮关闭对话框，即可将选中文本转换成表格，如图 1－63 所示。

序号	品牌	商品名	单价	购买地点
1	A	茶叶	180	××超市
2	B	速溶 咖啡	69	××便利店
3	C	酸奶	89	××鲜果店

图 1－63 文字转换成表格的效果

使用文本转换的表格与直接创建的表格一样，可以进行表格的所有相关操作。

2. 将表格转换为文本

将表格转换为文本，可以将表格中的内容按顺序提取出来，但是会丢失一些特殊的格式。

（1）在表格中选定要转换成文字的单元格区域。如果要将所有表格内容转换为文本，选中整个表格，或将光标定位在表格中。

（2）单击"表格工具"选项卡中的"转换成文本"按钮，打开图1-64所示的"表格转换成文本"对话框。

（3）根据需要选择单元格内容之间的分隔符。例如，选择自定义符号"＞"为分隔符的转换效果如图1-65所示。

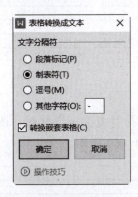

图1-64　"表格转换成文本"对话框　　　　图1-65　表格转换为文本的效果

任务实施

（一）创建表格

（1）启动WPS Office，单击"首页"上的"新建"按钮⊕，打开"新建"选项卡，默认打开"文字"界面，单击"新建空白文字"按钮，新建一个空白的文字文档。

（2）输入文字"个人简历"，在"开始"选项卡中设置字体为"宋体"，字号为"一号"，字体颜色为黑色，文本对齐方式为"居中"，效果如图1-66所示。

（3）按Enter键换行，在"开始"选项卡中设置字体为"宋体"，字号为"小四"，单击"插入"选项卡"表格"下拉列表中的"插入表格"命令，打开"插入表格"对话框，设置列数为2，行数为12，选中"自动列宽"单选按钮，如图1-67所示，单击"确定"按钮，插入表格，如图1-68所示。

图1-66　标题文本效果　　　　　　　图1-67　"插入表格"对话框

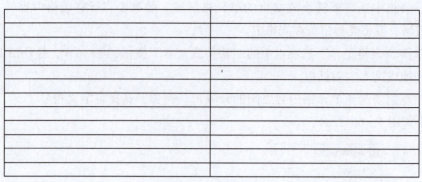

图 1 - 68　插入表格

（二）编辑表格

（1）将指针停留在第一列右侧边框线上，当鼠标指针变为 ⋅‖⋅ 形状时，按住鼠标左键向左拖动，达到所需列宽时，松开鼠标即可，结果如图 1 - 69 所示。

图 1 - 69　调整列宽

（2）选取整个表格，单击"表格工具"选项卡中的"表格属性"按钮 田 表格属性，打开"表格属性"对话框，切换至"行"选项卡，勾选"指定高度"复选框，输入高度为 1 厘米，设置行高值是最小值，如图 1 - 70 所示，单击"确定"按钮，调整行高。

（3）选定要进行拆分操作的单元格，如图 1 - 71 所示。单击"表格工具"选项卡中的"拆分单元格"按钮 拆分单元格，打开"拆分单元格"对话框。输入"列数"为 4，其他设置如图 1 - 72 所示，单击"确定"按钮完成，拆分后的单元格如图 1 - 73 所示。

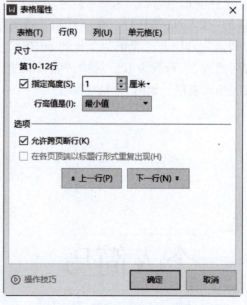

图 1 - 70　"表格属性"对话框

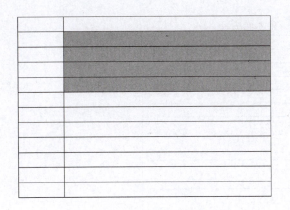

图 1 – 71　选定要拆分的单元格

图 1 – 72　"拆分单元格"对话框

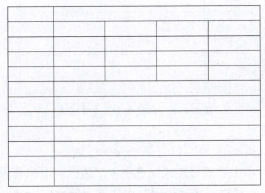

图 1 – 73　拆分后的单元格

（4）选定要进行合并操作的单元格，如图 1 – 74 所示。单击"表格工具"选项卡中的"合并单元格"按钮，这样选中的单元格就合并成一个了，如图 1 – 75 所示。

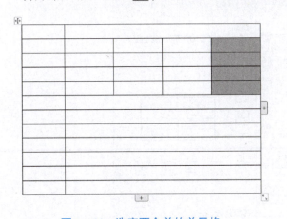

图 1 – 74　选定要合并的单元格

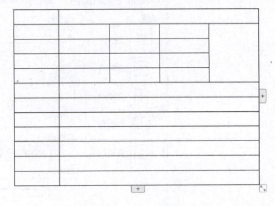

图 1 – 75　合并后的单元格

（5）将鼠标置于最后一行的下端边框线上，当鼠标外观变为双向箭头时，按住左键拖动到适当位置。按照同样的方法，将对整个表格的各单元格进行适当的行分布调整，完成后如图 1 – 76 所示。

个人简历

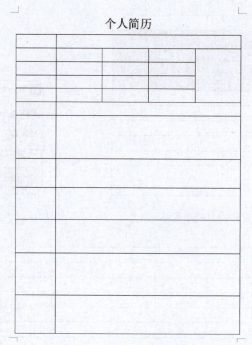

图1-76　调整行分布后的表格

（三）美化表格

（1）选取整个表格，单击"表格样式"选项卡"边框"下拉列表中的"边框和底纹"命令，打开"边框和底纹"对话框。在"设置"中选择"网格"，"宽度"选择1.5磅，其他设为默认值，如图1-77所示，单击"确定"按钮，关闭对话框。表格效果如图1-78所示。

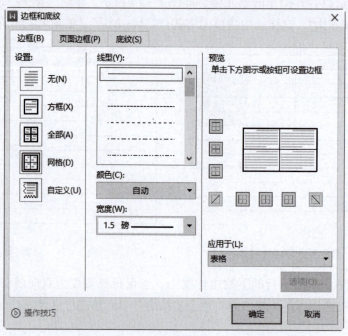

图1-77　"边框和底纹"对话框

（2）选定表格中第一列，单击"表格样式"选项卡"底纹"下拉列表中的"矢车菊蓝，着色1，浅色80%"。同样方法，对表格的其他部分也设置底纹，完成后如图1−79所示。

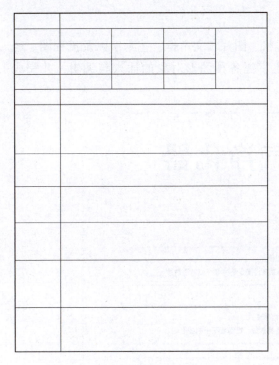

图1−78　设置好边框后的表格效果

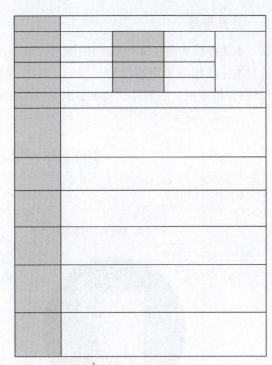

图1−79　添加底纹

（3）选中带有底纹的单元格，右击，在弹出的右键菜单中选择"单元格对齐方式"级联菜单中的"居中"选项，如图1−80所示。

（4）在表格带有底纹的单元格中输入文本，字体为宋体，字号为小四，加粗；然后填写内容，字体为宋体，字号为五号，最终结果如图1−47所示。

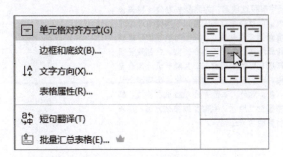

图1−80　右键菜单

（5）单击快速访问工具栏上的"保存"按钮，打开"另存文件"对话框，指定保存位置，输入文件名为"个人简历"，单击"保存"按钮，保存文档。

任务3 制作"产品宣传海报"

任务描述

本任务将实现在 WPS 文档中插入并修改形状、图片、文本框、艺术字以及流程图。通过对本任务相关知识的学习与实践，要求学生掌握各种图形对象的插入与编辑，并完成"产品宣传海报"的制作。效果如图 1–81 所示。

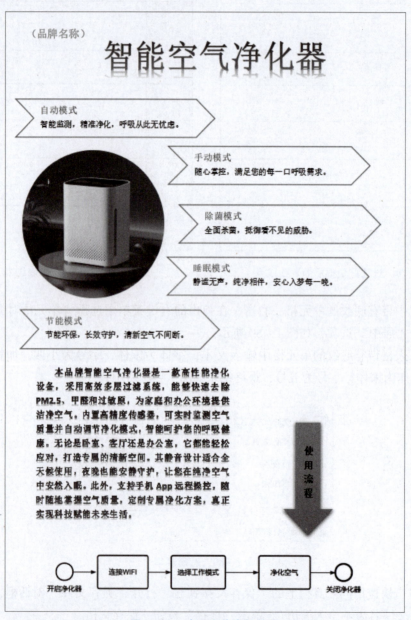

图 1–81 产品宣传海报效果

相关知识

（一）形状的插入和编辑

1. 插入形状

（1）在"插入"选项卡中单击"形状"下拉按钮，弹出"形状"下拉列表。

（2）在"形状"下拉列表的"基本形状"组中选择"云形"形状，鼠标指针将变为十字型。

（3）将十字光标移到要绘制的起点处，按下鼠标左键拖动，拖到终点时释放鼠标，即可绘制指定的形状，如图 1 - 82 所示。

图 1 - 82　绘制图形

✎ **温馨提示**

拖动的同时按住 Shift 键，可以限制形状的尺寸，或创建规范的正方形或圆形。如果要反复添加同一个形状，可以在形状列表中需要的形状上右击，在弹出的右键菜单中选择"锁定绘图模式"（见图 1 - 83），在工作区单击即可多次绘制同一形状，而不必每次都选择形状。按 Esc 键可以取消锁定。

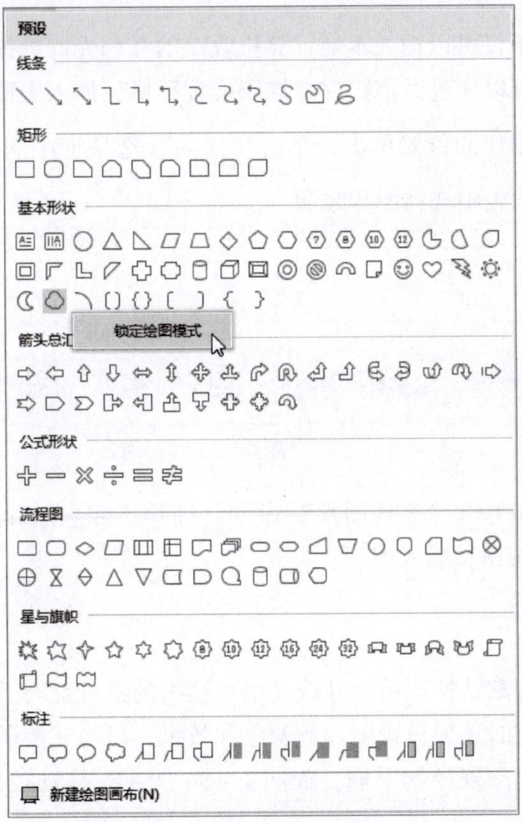

图 1 - 83　锁定绘图模式

2．设置形状效果

WPS Office内置了一些形状样式，可以一键设置形状的填充和轮廓样式，以及形状效果。单击"形状样式"下拉列表框上的下拉按钮￼，在形状样式列表中单击一种样式，即可应用形状。

对于已经绘制好的形状对象，还可以自定义形状的填充颜色、轮廓颜色、形状效果等。选中绘制的形状，可以看到"绘图工具"选项卡中的"形状样式"功能组，如图1-84所示，在这里，用户单击该功能区中相应的命令按钮就可以很便捷地自定义形状图形的效果。其中各个命令按钮作用说明如下：

图1-84　"形状样式"功能组

单击"填充"下拉按钮￼，在打开的下拉列表中设置形状的填充效果。

单击"轮廓"下拉按钮￼，在打开的下拉列表中设置形状的轮廓样式。

单击"形状效果"下拉按钮￼，在打开的下拉列表中设置形状的外观效果。

（二）图片的插入和编辑

1．插入图片

在WPS Office中，不仅可以插入本地计算机收藏的和稻壳商场提供的图片，还支持从扫描仪导入图片，甚至还可以通过微信扫描二维码连接手机，插入手机中的图片。

在文档中需要插入图片的位置单击，单击"插入"选项卡中的"图片"下拉按钮￼，在图1-85所示的下拉列表中选择图片来源。

图1-85　"图片"下拉列表

选择图片来源，例如单击"本地图片"命令，打开"插入图片"对话框，选择要插入的图片，单击"打开"按钮，插入图片。

2．插入图片的编辑

1）修改图片的大小

在文档中插入的图片默认按原始尺寸或文档可容纳的最大空间显示，往往需要对图片的尺寸和角度进行调整，有时还要设置图片的颜色和效果，以与文档风格和主题融合。

选中图片，图片四周出现控制手柄，如图1-86所示，拖动控制手柄调整图片大小和角度。

图 1-86　选中图片显示控制手柄

　　将鼠标指针移动到圆形控制手柄上，当指针变成双向箭头时，按下左键拖动到合适位置释放，即可改变图片的大小。

🖊 提　示

　　在图片四个角上的控制手柄上按下左键拖动，可约束比例缩放图片。

　　如果要精确地设置图片的尺寸，选中图片后，在"图片工具"选项卡"大小和位置"功能组分别设置图片的高度和宽度。勾选"锁定纵横比"复选框，可以约束宽度和高度比例缩放图片。如果将图片恢复到原始尺寸，单击"重设大小"按钮🖽。

　　单击"大小和位置"功能组右下角的扩展按钮🖽，在打开的"布局"对话框中也可以精确设置图片的尺寸和缩放比例，如图 1-87 所示。

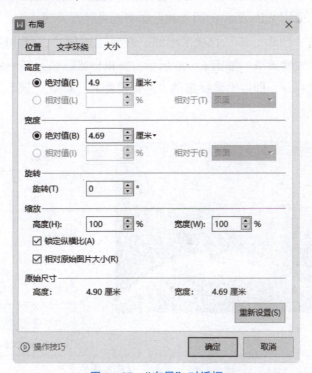

图 1-87　"布局"对话框

将鼠标指针移到旋转手柄 ⟳ 上，指针显示为 ↻，按下左键拖动到合适角度后释放，图片绕中心点进行相应角度的旋转，如图 1-88 所示。

如果要将图片旋转某个精确的角度，单击"大小和位置"功能组右下角的扩展按钮，打开图 1-87 所示的"布局"对话框，在"旋转"选项区域输入角度。

如果要对图片进行 90°倍数的旋转，可单击"图片工具"选项卡中的"旋转"下拉按钮 ⌐，在打开的下拉列表中选择需要的旋转角度，如图 1-89 所示。

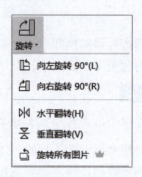

图 1-88　旋转图片　　　　　　　　　　　图 1-89　"旋转"下拉列表

2）裁剪图片

如果插入的图片中包含不需要的部分，或者希望仅显示图片的某个区域，不需要启动专业的图片处理软件，使用 WPS 提供的图片裁剪功能就可轻松实现。

选中图片，单击"图片工具"选项卡中的"裁剪"按钮 ⌐，图片四周显示黑色的裁剪标志，右侧显示裁剪级联菜单，如图 1-90 所示。将鼠标指针移到某个裁剪标志上，按下左键拖动至合适的位置释放，即可沿鼠标拖动方向裁剪图片，确认无误后按 Enter 键或单击空白区域完成裁剪。

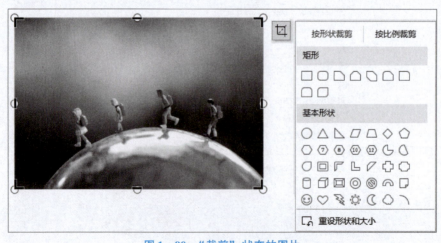

图 1-90　"裁剪"状态的图片

如果要将图片裁剪为某种形状，单击"裁剪"级联菜单中的形状，按 Enter 键或单击文档的空白区域完成裁剪。

如果要将图片的宽度和高度裁剪为某种比例，在"裁剪"级联菜单中切换到"按比例裁剪"选项卡，然后单击需要的比例，按 Enter 键或单击文档的空白区域完成裁剪。

✏️提　示

如果要调整裁剪区域，可在裁剪状态下，在图片上按下左键拖动。

3）修改图片环绕方式

默认情况下，图片以嵌入方式插入文档中，位置是固定的，不能随意拖动，而且文字只能显示在图片上方或下方，或与图片同行显示。若要自由移动图片，或希望文字环绕图片排列，可以设置图片的文字环绕方式。

（1）选中要设置文字环绕方式的图片，在图片右侧显示的快速工具栏中可以看到"布局选项"按钮，如图 1–91 所示。

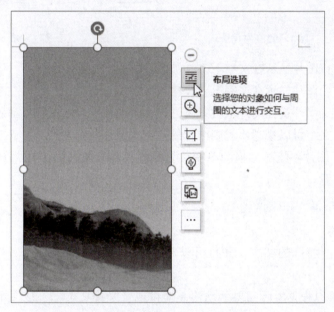

图 1–91　图片的快速工具栏

（2）单击"布局选项"按钮，在弹出的布局选项列表中可以看到，WPS 提供了多种文字环绕方式，如图 1–92 所示，单击即可应用。单击"图片工具"选项卡中的"环绕"下拉按钮，也可以打开"环绕"下拉菜单，如图 1–93 所示。

通过文字环绕方式图标按钮，可以大致了解各种环绕方式的效果。

嵌入型：图片嵌入到某一行中，不能随意移动。

四周型环绕：文字以矩形方式环绕在图片四周。

紧密型环绕：文字根据图片轮廓形状紧密环绕在图片四周。当图片轮廓为不规则形状时，环绕效果与"穿越型环绕"相同。

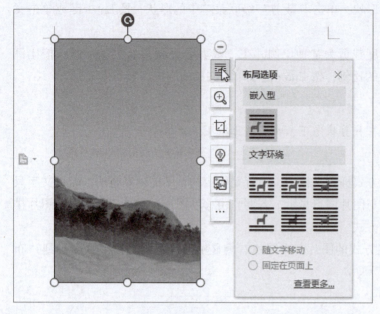

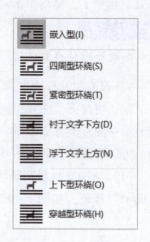

图 1 - 92　布局选项　　　　　　　　图 1 - 93　"环绕"下拉菜单

　　衬于文字下方：图片显示在文字下方，被文字覆盖。

　　浮于文字上方：图片显示在文字上方，覆盖文字。

　　上下型环绕：文字环绕在图片上方和下方显示，图片左、右两侧不显示文字。

　　穿越型环绕：文字可以穿越不规则图片的空白区域环绕图片。

　　除"嵌入型"图片不能随意拖动改变位置外，其他几种环绕方式都可随意拖动，文字将随之自动调整位置。

（三）　文本框的插入和编辑

1. 插入文本框

文本框用来建立特殊的文本，并且可以对其进行一些特殊的处理，例如设置边框、颜色、版式格式。

在 WPS 中，可以根据实际需要手动绘制横排或者竖排文本框，该文本框多用于插入图片和文本等。操作步骤如下：

（1）单击"插入"选项卡"文本框"下拉按钮，打开图 1 - 94 所示的下拉列表，选择任意选项。

（2）当鼠标指针变为一个十字形状时，把它移到要绘制文本框的起点处，按住左键并拖动到目标位置，释放鼠标，即可绘制出以拖动的起始位置和终止位置为对角顶点的空白文本框，如图 1 - 95 所示。

（3）绘制空白文本框后，就可以在其中输入文本和插入图片了。

2. 文本框格式的编辑

绘制文本框后，WPS Office 自动切换到"绘图工具"选项卡，利用其中的工具按钮可以很方便地设置文本框格式。

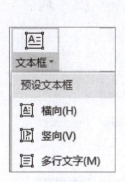

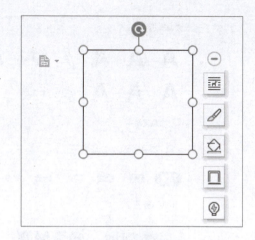

图 1-94　"文本框"下拉列表　　　　　　　图 1-95　绘制文本框

选中形状，在"绘图工具"选项卡的"形状格式"功能组中修改形状的效果，如图 1-96 所示。

图 1-96　"形状格式"功能组

WPS Office 内置了一些形状样式，可以一键设置文本框的填充和轮廓样式，以及形状效果。单击"形状样式"下拉列表框上的下拉按钮，在形状样式列表中单击一种样式，即可应用形状。

单击"填充"下拉按钮，在打开的下拉列表中设置形状的填充效果。

单击"轮廓"下拉按钮，在打开的下拉列表中设置形状的轮廓样式。

单击"形状效果"下拉按钮，在打开的下拉列表中设置形状的外观效果。

（四）艺术字的插入和编辑

在 WPS 中创建艺术字有两种方式，一种是为选中的文字套用一种艺术字效果，另一种是直接插入艺术字。

1. 插入艺术字

（1）选中需要制作成艺术字的文本。如果不选中文本，将直接插入艺术字。

（2）单击"插入"选项卡中的"艺术字"按钮，打开图 1-97 所示的下拉列表。

（3）单击需要的艺术字样式，即可应用样式。

如果应用样式之前选中了文本，则选中的文本可在保留字体的同时，应用指定的字号和效果，且文本显示在文本框中，如图 1-98 所示。

如果没有选中文本，则直接插入对应的艺术字编辑框，且自动选中占位文本"请在此放置您的文字"，如图 1-99 所示，输入文字替换占位文本，然后修改文本字体。

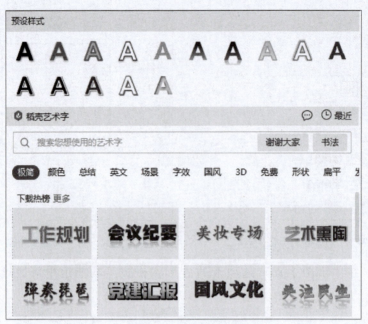

图 1-97   艺术字样式

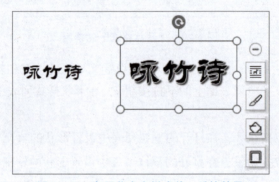

图 1-98   套用艺术字样式前、后的效果

图 1-99   插入的艺术字编辑框

2. 编辑艺术字

（1）选中艺术字所在的文本框，利用快速工具栏中的"形状填充"按钮 和"形状轮廓"按钮 设置文本框的效果。单击"布局选项"按钮 修改艺术字的布局方式。

（2）如果要创建具有特殊排列方式的艺术字，单击"文本工具"选项卡中的"文本效果"下拉按钮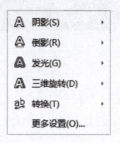，在图1－100所示的下拉列表中单击"转换"命令，然后在级联菜单中选择一种文本排列方式。

图1－100 "文本效果"下拉列表

（五）流程图的插入和编辑

WPS里的流程图功能，简单、实用，一些基本的流程图需求都能满足。

1. 插入流程图

（1）单击"插入"选项卡中的"流程图"按钮，打开图1－101所示的"流程图"对话框。

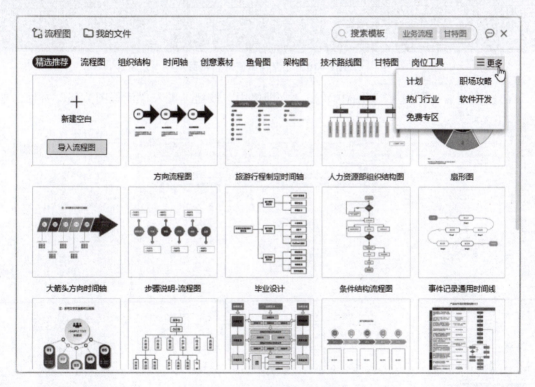

图1－101 "流程图"对话框

（2）在"流程图"对话框中选择需要的流程图，这里我们选择"更多"→"免费专区"→"组织结构图"，弹出"流程图使用"页面，如图1－102所示。

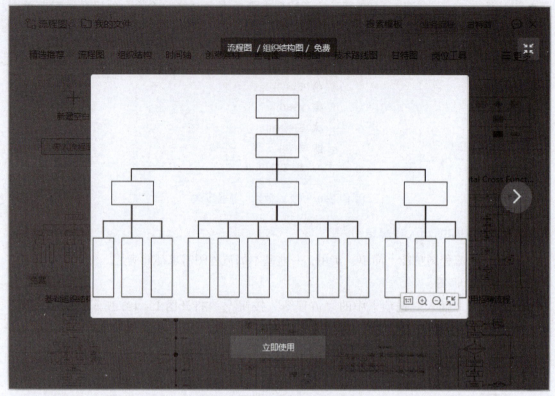

图1-102 "流程图使用"页面

（3）在"流程图使用"页面中单击"立即使用"按钮，进入"流程图文档"页面，如图1-103所示。

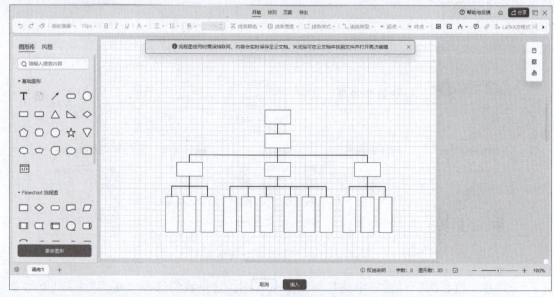

图1-103 "流程图文档"页面

（4）在流程图文档页面中单击"插入"按钮，将流程图插入文字文档，如图 1－104 所示。

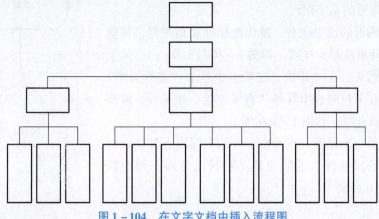

图 1－104 在文字文档中插入流程图

2. 编辑流程图

如果想要编辑流程图内容，可以在"流程图文档"页面中对流程图进行编辑。

（1）将鼠标放置到图形右下角，出现箭头时，拖动鼠标可以改变图形大小，如图 1－105 所示。

（2）双击可在图形中输入文字，在此我们双击图形，输入"开始"，快捷键 Ctrl＋Enter 可以确定操作内容。

（3）将光标放在图形边框下方，当光标呈十字形时，下拉光标到所需位置处，形成箭头连线，如图 1－106 所示。

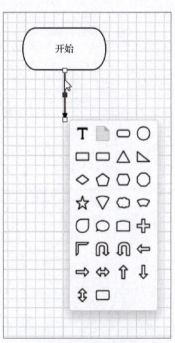

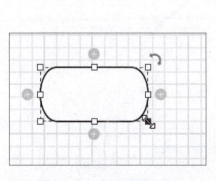

图 1－105 改变图形大小　　　　　图 1－106 绘制连线

（4）当生成箭头连线后，软件打开浮动工具栏，方便用户快速选择下一步所需的图形，调整大小，如图 1-107 所示，双击输入需要的文字即可。

（5）保持圆形的选中状态，按住鼠标拖动到左侧，移动圆形，软件自动更改箭头样式，如图 1-108 所示。

（6）选择箭头，在"开始"选项卡中单击"连线类型"按钮 连线类型，在下拉列表中选择"直线连接"按钮 ，将箭头样式更改为斜直线，如图 1-109 所示。

（7）选中第一个图形，在图形下方的中间点上按住鼠标左键不放，拖动鼠标到合适的位置，绘制出另外一侧的箭头，如图 1-110 所示。

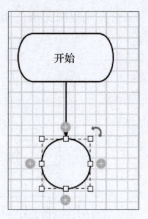

图 1-107　插入圆

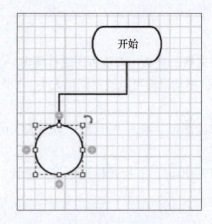

图 1-108　移动圆

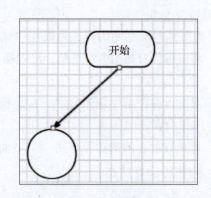

图 1-109　更改箭头

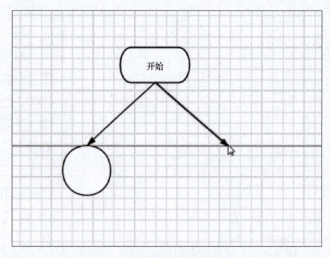

图 1-110　绘制另一侧箭头

任务实施

（一）形状的插入与设置

（1）启动 WPS，单击"首页"上的"新建"按钮 ，打开"新建"选项卡，默认打开"文字"界面，单击"新建空白文字"按钮，新建一个空白的文字文档。

（2）在"插入"选项卡中单击"形状"下拉按钮，在弹出的"形状"下拉列表中选择"燕尾形"形状，将十字光标移到要绘制的起点处，按下鼠标左键拖动绘制"燕尾形"形状，如图 1－111 所示。

图 1－111　插入"燕尾形"形状

（3）选中"燕尾形"形状，在"绘图工具"选项卡中的"形状样式"功能组中单击"形状样式"下拉列表框上的下拉按钮，选中"彩色轮廓－矢车菊蓝，强调颜色1"。更改完成样式后复制四个同样样式的"燕尾形"形状，如图 1－112 所示。

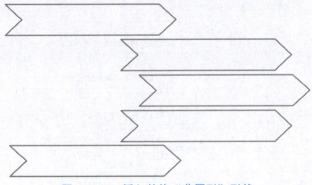

图 1－112　插入其他"燕尾形"形状

（4）在"插入"选项卡中单击"形状"下拉按钮，在弹出的"形状"下拉列表中选择"下箭头"形状，绘制"下箭头"形状，如图 1－113 所示。

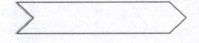

图 1－113　插入"下箭头"形状

（5）选中"下箭头"形状，在"绘图工具"选项卡中的"形状样式"功能组中单击"形状样式"下拉列表框上的下拉按钮，选中"强烈效果－巧克力黄，强调颜色2"，结果如图 1－114 所示。

图 1 – 114　更改"下箭头"形状样式

（6）在"燕尾形"形状中输入文本，小标题的字号为"五号"，字体颜色为"蓝色 – 深蓝渐变"；其余文本的字号为"小五"，字体颜色为"黑色"，在"下箭头"形状中输入文本，字号为"五号"，字体颜色为"黑色"，加粗字体，结果如图 1 – 115 所示。

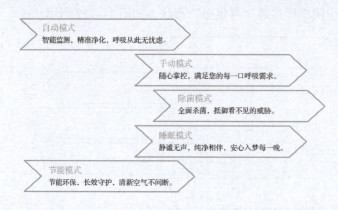

图 1 – 115　在形状中输入文本

（二）图片的插入与设置

（1）单击"插入"选项卡中的"图片"下拉按钮，在弹出的下拉菜单中单击"本地图片"命令，打开"插入图片"对话框，选择"产品图片"，单击"打开"按钮，插入图片，如图 1 – 116 所示。

（2）选中图片，单击"图片工具"选项卡中"大小和位置"功能组右下角的扩展按钮，弹出"布局"对话框，按照图 1 – 117 所示进行设置，单击"确定"按钮，结果如图 1 – 118 所示。

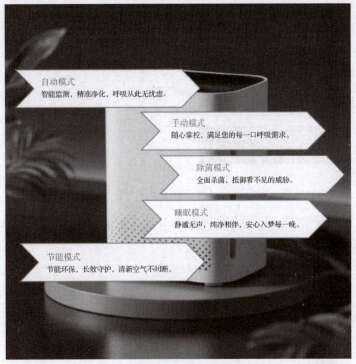

图 1 – 116　插入图片

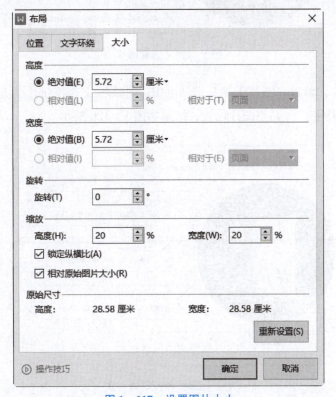

图 1 – 117　设置图片大小

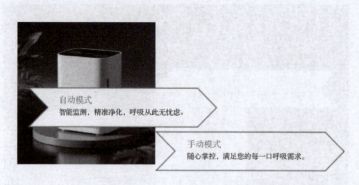

图 1 – 118　更改图片大小

（3）选中图片，单击"图片工具"选项卡中的"裁剪"按钮，选择"椭圆"形状，按 Enter 键，结果如图 1 – 119 所示。

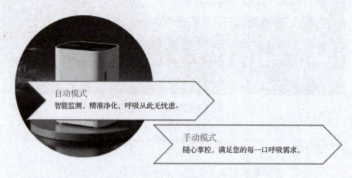

图 1 – 119　裁剪图片

（4）选中图片，单击"图片工具"选项卡中"环绕"下拉按钮，在"环绕"下拉菜单中选择"四周型环绕"，调整图片位置，结果如图 1 – 120 所示。

图 1 – 120　修改环绕方式

（三）文本框的插入与设置

（1）单击"插入"选项卡"文本框"下拉按钮，在打开的下拉列表中选择"横向"，在工作区左上角绘制一个文本框，并在其中输入字号为"四号"，文字样式为"填充－灰色－25%，背景2，内部阴影"，加粗字体的文本，结果如图1－121所示。

（品牌名称）

图1－121　插入文本框1

（2）单击"插入"选项卡"文本框"下拉按钮，在打开的下拉列表中选择"横向"，在适当位置绘制一个文本框，并在其中输入字号为"五号"，文字样式为"渐变填充－钢蓝"，加粗字体的文本，结果如图1－122所示。

本品牌智能空气净化器是一款高性能净化设备，采用高效多层过滤系统，能够快速去除PM2.5、甲醛和过敏原，为家庭和办公环境提供洁净空气，内置高精度传感器，可实时监测空气质量并自动调节净化模式，智能呵护您的呼吸健康。无论是卧室、客厅还是办公室，它都能轻松应对，打造专属的清新空间，其静音设计适合全天候使用，夜晚也能安静守护，让您在纯净空气中安然入眠。此外，支持手机App远程操控，随时随地掌握空气质量，定制专属净化方案，真正实现科技赋能未来生活。

图1－122　插入文本框2

（3）按住Ctrl键，选中两个文本框，单击"绘图工具"选项卡中"轮廓"下拉按钮，在弹出的下拉列表中选择"无边框填充"，结果如图1－123所示。

（四）艺术字的插入与设置

（1）单击"插入"选项卡中的"艺术字"按钮，在打开的下拉列表中选择"渐变填充－钢蓝"，插入艺术字编辑框。

（2）在艺术字编辑框中输入"空气智能净化器"，调整艺术字编辑框的位置，结果如图1－124所示。

（五）流程图的插入与设置

（1）单击"插入"选项卡中的"流程图"按钮，打开"流程图"对话框，在"流程图"对话框中选择"更多"→"免费专区"→"常用顺序流程图"，弹出"流程图使用"页面，单击"立即使用"按钮，进入"流程图文档"页面，如图1－125所示。

（品牌名称）

自动模式
智能监测，精准净化，呼吸从此无忧虑。

手动模式
随心掌控，满足您的每一口呼吸需求。

除菌模式
全面杀菌，抵御看不见的威胁。

睡眠模式
静谧无声，纯净相伴，安心入梦每一晚。

节能模式
节能环保，长效守护，清新空气不间断。

　　本品牌智能空气净化器是一款高性能净化设备，采用高效多层过滤系统，能够快速去除 PM2.5、甲醛和过敏原，为家庭和办公环境提供洁净空气，内置高精度传感器，可实时监测空气质量并自动调节净化模式，智能呵护您的呼吸健康。无论是卧室、客厅还是办公室，它都能轻松应对，打造专属的清新空间。其静音设计适合全天候使用，夜晚也能安静守护，让您在纯净空气中安然入眠。此外，支持手机 App 远程操控，随时随地掌握空气质量，定制专属净化方案，真正实现科技赋能未来生活。

使用流程

图 1 – 123　编辑文本框

（品牌名称）

空气智能净化器

图 1 – 124　插入艺术字

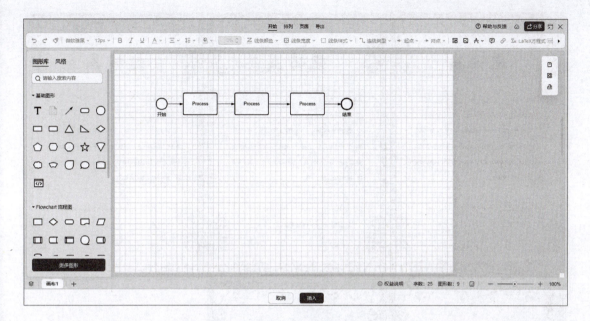

图 1-125　"流程图文档"页面

（2）双击流程图中的图形，输入文本，结果如图 1-126 所示。

图 1-126　编辑流程图

（3）单击"插入"按钮，在文字文档中插入流程图，调整流程图位置，结果如图 1-81 所示。

（4）单击快速访问工具栏上的"保存"按钮 🖫，打开"另存文件"对话框，指定保存位置，输入文件名为"产品宣传海报"，单击"保存"按钮，保存文档。

任务 4　制作"邀请函"

任务描述

本任务将实现在 WPS 文档中利用邮件合并功能批量生成邀请函，如图 1-127 所示。

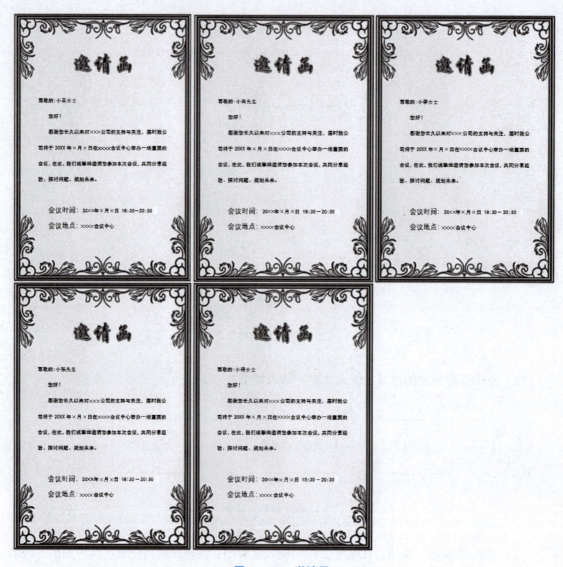

图 1 – 127   邀请函

相关知识

邮件合并设置

利用 WPS 邮件批量生成文档并合并为一个文档。制作文档主体内容相同，数据有变化的文档时，与收件人相关的一系列数据源结合起来，快速批量生成各种文档。

1. 选择数据源

1）准备工作

利用 WPS 邮件批量生成文档，需要制作模板文件和预填入信息的表格。

（1）制作模板文件。

（2）利用 WPS 文档制作表格，表格中的信息与邀请函填入的信息一致。

2）选取数据源

（1）打开邀请函模板，在"引用"选项卡中单击"邮件"按钮，打开"邮件合并"选项卡，如图1－128所示。

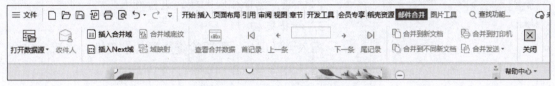

（2）单击"打开数据源"按钮，打开"选取数据源"对话框，将带有表格的文字文档导入，如图1－129所示。

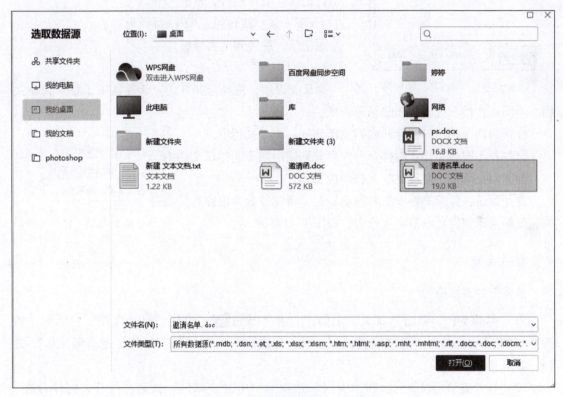

图1－129 "选取数据源"对话框

2. 插入合并域

将数据导入文档中只是将相应的数据信息准备到位，仍然需要手动将对应字段数据插入对应位置，也就是插入合并域。

1）插入邀请人域

（1）将文本插入点定位在需要插入邀请人的位置。

（2）在"邮件合并"选项卡中单击"插入合并域"按钮，打开"插入域"对话框，如图1－130所示，选择域，单击"插入"按钮。

图1-130 "插入域"对话框

（3）此时文档中，将显示已插入的域标记。

2）插入其他域

将文本插入点定位在需要插入域的位置，打开"插入域"对话框，选择相应的域，进行插入。

3. 合并文档

插入合并域后，需要检查数据的准确性，之后生成合并文档。

1）查看数据

为了保证准确性，单击"查看合并数据"按钮，进行预览。

首记录：跳转到首页模板。

上/下一条：跳转到上/下一页模板。

尾记录：跳转到尾页模板。

2）合并方式

确认无误后，选择合并方式。软件提供了合并到新文档、不同新文档、打印机和邮箱等方式。

合并到新文档：邮件合并内容输出到同一个新文档中。

合并到不同新文档：邮件合并内容分别输出到不同的新文档中。

合并到打印机：直接关联至打印机打印。

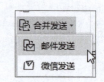

图1-131 合并发送

合并发送：包括邮件发送和微信发送。将邮件合并内容直接通过关联邮箱或微信发送给指定接收人，如图1-131所示。

任务实施

邮件合并基本操作

（1）启动WPS，单击"首页"上的"打开"按钮，打开"打开文件"对话框，如图1-132所示，找到"邀请函模板"文档，单击"打开"按钮，打开"邀请函模板"文档，如图1-133所示。

（2）打开邀请函模板后，在"引用"选项卡中单击"邮件"按钮，打开"邮件合并"选项卡。

（3）单击"邮件合并"选项卡中的"打开数据源"按钮，在打开的"选取数据源"对话框中选择"邀请名单"文档，单击"打开"按钮，导入数据源。

（4）将文本插入点定位在"尊敬的："后方，单击"邮件合并"选项卡中"插入合并域"按钮，打开"插入域"对话框，选中"姓名"域，单击"插入"按钮，接着再选择"称呼"域，再次单击"插入"按钮，插入域后，单击"关闭"按钮关闭"插入域"对话框，结果如图1-134所示。

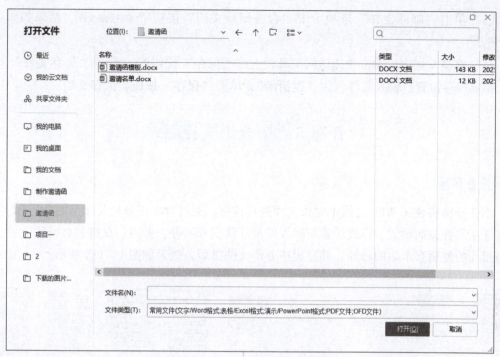

图1-132 "打开文件"对话框

图1-133 邀请函模板

图1-134 插入域

（5）单击"邮件合并"选项卡中"合并到新文档"按钮 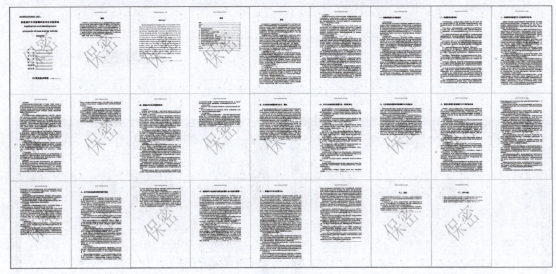 ，结果如图1-127所示。

（6）在新文档中，单击快速访问工具栏上的"保存"按钮，打开"另存文件"对话框，指定保存位置，输入文件名为"邀请函"，单击"保存"按钮，保存文档。

任务5　毕业论文排版

任务描述

本任务将实现在WPS文档中对长文档进行排版，通过对本任务相关知识的学习和实践，要求学生掌握页面设置、样式设置与插入目录、认识分隔符、页眉、页脚和页码的设置、修订与批注的使用和水印的添加，并完成毕业论文的排版。效果如图1-135所示。

图1-135　毕业论文

相关知识

（一）页面设置

WPS文档中默认的页面设置是以A4（21厘米×29.4厘米）为大小的页面，按纵向格式编排及打印输出。

1. 设置纸张方向

页面的方向分为横向和纵向，WPS默认的页面方向为纵向，用户可以根据需要进行调整。

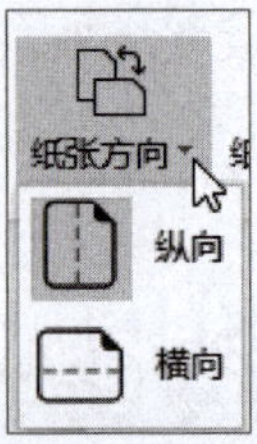

（1）打开要设置页面属性的文档，单击"页面布局"选项卡中的"纸张方向"下拉按钮，打开如图1-136所示的下拉列表。

图1-136　"纸张方向"
下拉列表

（2）在下拉列表中单击需要的纸张方向。

设置的页面方向默认应用于当前节，如果没有添加分节符，则应用于整篇文档。如果要指定设置的纸张方向应用的范围，可以单击"页面布局"选项卡中的"页面设置"按钮 ，打开"页面设置"对话框。在"方向"区域选择需要的纸张方向，然后在"应用于"下拉列表框中选中要应用的范围，如图 1 – 137 所示。设置完成后，单击"确定"按钮关闭对话框。

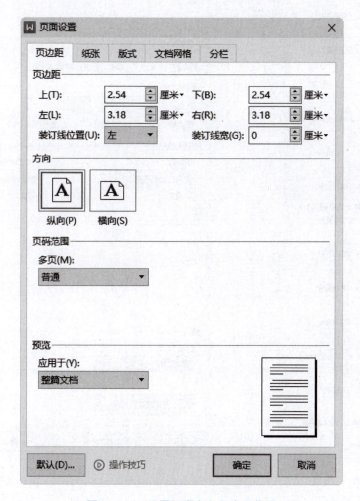

图 1 – 137　设置纸张方向和应用范围

2. 设置页面规格

通常情况下，用户应该根据文档的类型要求或打印机的型号设置纸张的大小。

（1）打开要设置纸张大小的文档。

（2）单击"页面布局"选项卡中"纸张大小"按钮 ，在打开的下拉列表中可以看到 WPS Office 预置了 13 种常用的纸张规格，如图 1 – 138 所示。

（3）单击需要的纸张规格，即可将页面修改为指定的大小。

如果预置的纸张规格中没有需要的页面尺寸，单击"其他页面大小"命令，打开"页面设置"对话框。在"纸张大小"下拉列表框中选择"自定义大小",然后在下方的"宽度"和"高度"数值框中输入尺寸,如图1-139所示。在"应用于"下拉列表框中还可以指定纸张大小应用的范围。设置完成后,单击"确定"按钮关闭对话框。

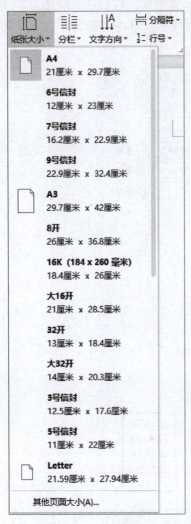

图1-138 "纸张大小"
下拉列表

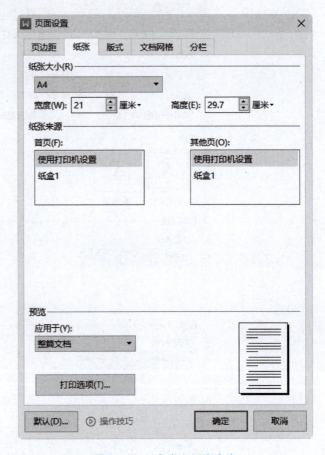

图1-139 自定义纸张大小

3. 调整页边距

页边距是页面的正文区域与纸张边缘之间的空白距离,包括上、下、左、右四个方向的边距,以及装订线的距离。页边距的设置在正式的文档排版中十分重要,太窄会影响文档装订,太宽不仅浪费纸张而且影响版面美观。

(1)打开要设置页边距的文档。单击"页面布局"选项卡中的"页边距"按钮,在打开的下拉列表中可以看到,WPS Office内置了4种常用的页边距尺寸,如图1-140所示。单击需要的页边距设置,即可将指定的边距设置应用于当前文档或当前节。

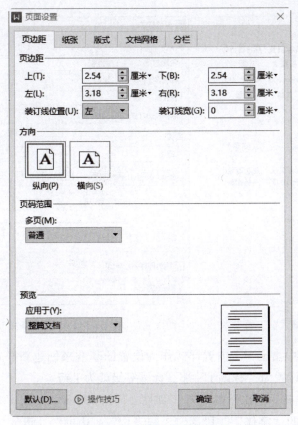

图 1－140　常用的页边距尺寸

（2）如果内置的页边距样式中没有合适的边距尺寸，可以单击"自定义页边距"命令打开"页面设置"对话框，在"页边距"区域自定义上、下、左、右边距。如果文档要装订，还应设置装订线位置和装订线宽，在"应用于"下拉列表框中还可以指定边距的应用范围。

（3）设置装订线宽可以避免装订文档时文档边缘的内容被遮挡。设置完成后，单击"确定"按钮关闭对话框。此时，在页边距下拉列表中可以看到自定义的边距设置，可将该自定义边距应用于其他文档。

（二）样式设置与插入目录

1. 样式设置

在编辑较长的文档时，为了能够简明地表达出文档的核心内容就需要设置标题，然后通过不同等级编号的标题可以将文档分为不同的部分和章节，为此，就需要对许多文字和段落进行相同的排版工作。此时，通过使用样式功能进行排版，能减少许多重复的操作，在短时间内排出高质量的文档。

在"开始"选项卡中单击"样式"功能组右下角的功能扩展按钮，弹出"预设样式"下拉菜单，如图 1－141 所示，单击"新建样式"命令，弹出"新建样式"对话框，如图 1－142 所示，根据需要在该对话框中设置相应的参数，完成设置后单击"确定"按钮即可完成新样式的建立。

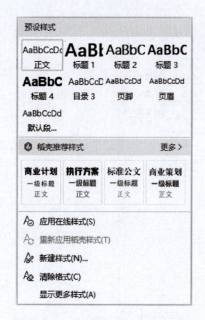

图 1-141 "预设样式"下拉菜单

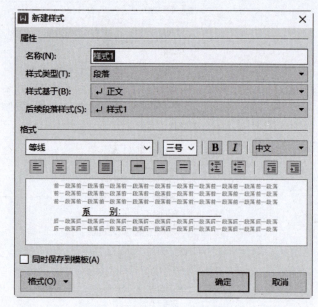

图 1-142 "新建样式"对话框

在"样式基于"中指定一个内置样式作为设置的基准来创建新样式，可以快捷设置标题等级，如样式基准设置为"标题1"那么标题等级就为1级。

单击"格式"按钮，弹出下拉菜单，如图 1-143 所示，在其中能设置新样式的"字体""段落""制表位""边框""编号"等格式。

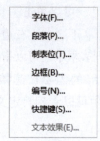

图 1-143 "格式"下拉菜单

2. 插入目录

目录是文档中标题的列表，通过目录，可以在目录的首页通过按 Ctrl + 鼠标左键跳到目录所指向的章节，也可以打开视图导航窗格，然后整个文档结构列出来。

（1）选中需要显示在目录中的标题，单击"引用"选项卡中的"目录"下拉按钮，打开图 1-144 所示的下拉列表。WPS 内置了几种目录样式，单击即可插入指定样式的目录。

（2）单击"自定义目录"命令，打开图 1-145 所示的

图 1-144 "目录"下拉列表

"目录"对话框，自定义目录标题与页码之间的分隔符、显示级别和页码显示方式。

"显示级别"下拉列表框用于指定在目录中显示的标题的最低级别，低于此级别的标题不会显示在目录中。

如果选中"使用超链接"复选框，目录项将显示为超链接，单击跳转到相应的标题内容。

如果要将目录项的级别和标题样式的级别对应起来，单击"选项"按钮，打开图 1 – 146 所示的"目录选项"对话框进行设置。

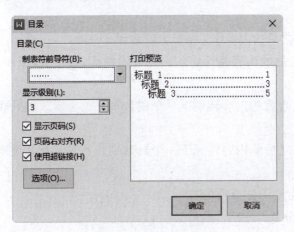

图 1 – 145　"目录"对话框

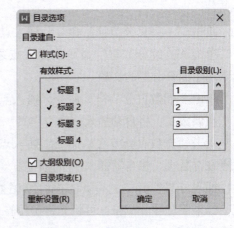

图 1 – 146　"目录选项"对话框

（3）设置完成后，单击"确定"按钮，即可插入目录。此时，按住 Ctrl 键单击目录项，即可跳转到对应的位置。

（三）认识分隔符

长篇文档通常包含多个并列或层级的组成部分，在编排这类文档时，合理地进行分页和分节能使文档结构更清晰。将文档内容分页或分节后，还可以在不同的内容部分采用不同的页面布局和版面设置。

1. 使用分页符分页

分页符用于标记一页终止并开始下一页。默认情况下，文档内容超出页面能容纳的行数时，会自动进入下一页。如果希望文档中指定位置之后的内容在新的一页开始显示，可以利用分页符进行精准分页。

（1）将光标定位在需要分页的位置，单击"插入"选项卡中的"分页"下拉按钮，打开图 1 – 147 所示的下拉列表。

（2）选择"分页符"命令，或直接按快捷键 Ctrl + Enter，即可在指定位置显示分页符标记。分页符前、后的页面属性默认保持一致。

分栏符通常用于分栏文档中，将分栏符之后的内容移至另一栏显示。如果文档为单栏，效果与分页符相同。

图 1 – 147　"分页"下拉列表

使用换行符可以从指定位置强制换行，并在换行位置显示换行标记↵。换行符前后的文本段落仍属于同一个段落。

2. 使用分节符分节

使用分节符可以将文档内容按结构分为不同的"节"，在不同的"节"使用不同的页面设置或版式。

（1）将光标定位在文档中需要分节的位置。

（2）单击"插入"选项卡中的"分页"下拉按钮，在打开的下拉列表中单击需要的分节符。

单击"下一页分节符"命令，插入点之后的内容作为新节内容移到下一页。

单击"连续分节符"命令，插入点之后的内容换行显示，但可设置新的格式或版面，通常用于混合分栏的文档。

单击"偶数页分节符"命令，插入点之后的内容转到下一个偶数页开始显示。如果插入点在偶数页，将自动插入一个空白页。

单击"奇数页分节符"命令，插入点之后的内容转到下一个奇数页开始显示。如果插入点在奇数页，将自动插入一个空白页。

插入分节符后，上一页的内容结尾处显示分节符的标记。如果要删除分节符，可将光标定位在分节符左侧，然后按 Delete 键。

利用"章节"选项卡中的"新增节"下拉列表（见图 1-148），也可以很方便地创建分节符。

单击"章节"选项卡中的"删除本节"按钮，可删除当前光标定位点所在的节内容以及分节符标记；单击"上一节"按钮或"下一节"按钮，可将光标定位点移到上一节或下一节的开始位置。

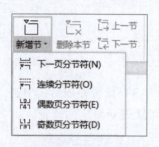

图 1-148 "新增节"下拉列表

（四）页眉、页脚和页码的设置

在页眉和页脚中可以包括页码、日期、公司徽标、文档标题、文件名或作者名等文字或图形信息，这些信息通常打印在文档每页的顶部或底部。

在文档中可以自始至终用同一个页眉或页脚，也可以在文档的不同部分按节设置不同的页眉和页脚。例如，可以在首页上使用与众不同的页眉和页脚或者不使用页眉和页脚，还可以在奇数页和偶数页上使用不同的页眉和页脚，而且文档不同部分的页眉和页脚也可以不同。

1. 插入页眉和页脚

（1）打开要编辑页眉和页脚的文档。将鼠标指针移到页面顶端，WPS 显示提示信息"双击编辑页眉"；如果将指针移到页面底端，将显示"双击编辑页脚"。

（2）双击页眉或页脚位置，或单击"插入"选项卡中的"页眉页脚"按钮，即可进入页眉页脚编辑状态，并自动切换到"页眉页脚"选项卡，如图 1-149 所示。

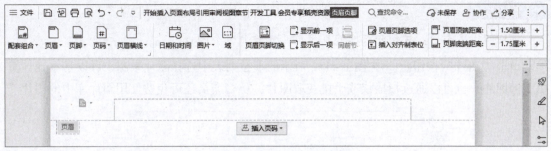

图1-149 页眉编辑状态

（3）在"页眉页脚"选项卡中，单击"页眉顶端距离"微调框中的 − 或 + 按钮，或直接输入数值调整页眉区域的高度；单击"页脚底端距离"微调框中的 − 或 + 按钮，或直接输入数值调整页脚区域的高度。

（4）在页眉页脚中输入并编辑内容。可以输入纯文字，也可以在"页眉页脚"选项卡中通过单击相应的按钮，插入横线、日期和时间、图片、域以及对齐制表位。

单击"页眉横线"按钮，在图1-150所示的下拉列表中可以选择横线的线型和颜色。单击"删除横线"命令，可取消显示横线。

单击"日期和时间"按钮，打开图1-151所示的"日期和时间"对话框，可以设置日期、时间的语言和格式。勾选"自动更新"复选框，则插入的日期和时间会实时更新。

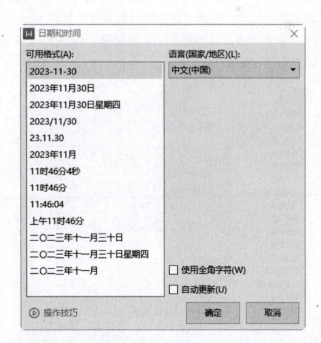

图1-150 "页眉横线"下拉列表　　　　图1-151 "日期和时间"对话框

✎ 提　示

选择的语言不同，日期和时间的可用格式也会有所不同。

单击"图片"按钮 ，在图 1－152 所示的下拉列表中选择图片来源，可以是本地计算机上的图片，也可以通过扫描仪或手机获取图片，稻壳会员还可免费使用图片库中的图片。

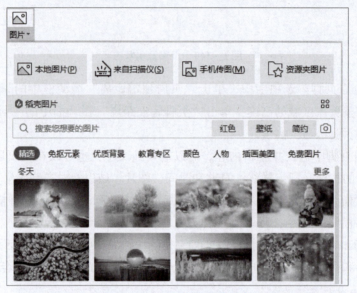

图 1－152　"图片"下拉列表

单击"域"按钮 ，打开图 1－153 所示的"域"对话框中可以选择常用的域，也可手动编辑域代码，定制个性化的页眉页脚内容。

单击"插入对齐制表位"按钮 ，在图 1－154 所示的对话框中可以设置制表位的对齐方式和前导符。

图 1－153　"域"对话框

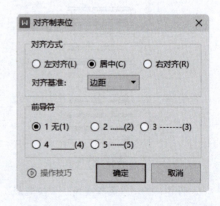

图 1－154　"对齐制表位"对话框

插入的页眉内容可以像文档正文中的内容一样进行编辑修改和格式设置。

（5）完成页眉内容的编辑后，单击"页眉和页脚"选项卡中的"页眉页脚切换"按钮，文档自动转至当前页的页脚。

（6）按照第（4）步编辑页眉的方法编辑页脚内容。

（7）如果对文档内容进行了分节或设置了首页的页眉页脚不同，编辑完当前页面的页眉页脚后，单击"显示前一项"按钮，可进入上一节的页眉或页脚；单击"显示后一项"按钮，可以进入下一节的页眉或页脚。

（8）完成所有编辑后，单击"页眉和页脚"选项卡中的"关闭"按钮☒，即可退出页眉页脚的编辑状态。

2. 创建首/奇偶页不同的页眉页脚

为文档设置页眉页脚后，默认情况下，所有页面在相同的位置显示相同的页眉页脚。在编排长文档时，通常要求首页设置与其他页面不同的页眉、页脚样式。

（1）在文档页眉或页脚处双击鼠标左键进入编辑状态。

（2）单击"页眉和页脚"选项卡中的"页眉页脚选项"按钮，打开"页眉/页脚设置"对话框，勾选"首页不同"复选框，如图1-155所示。如果要在首页页眉中显示横线，勾选"显示首页页眉横线"复选框。

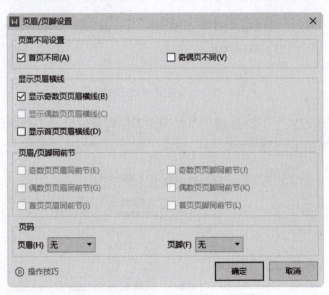

图1-155　勾选"首页不同"复选框

（3）设置完成后，单击"确定"按钮关闭对话框。此时，在首页的页眉和页脚区域会标注"首页页眉"和"首页页脚"。

（4）在"页眉页脚"选项卡中，分别调整页眉区域和页脚区域的高度。然后在首页页眉中编辑页眉的内容。

（5）单击"页眉页脚切换"按钮，自动转至首页的页脚，编辑页脚内容。

（6）编辑完首页的页眉页脚后，单击"显示后一项"按钮，可以进入下一页或下一节的页眉或页脚。

（7）完成所有编辑后，单击"页眉页脚"选项卡中的"关闭"按钮⊠，退出页眉页脚的编辑状态。

采用相同的方法，创建奇偶页不同的页眉页脚。

3．插入页码

为文档插入页码一方面可以统计文档的页数，另一方面便于读者快速定位和检索。页码通常添加在页眉或页脚中。

（1）打开要插入页码的文档。单击"插入"选项卡中的"页码"下拉按钮，在打开的下拉列表中单击需要页码显示的位置，即可进入页眉页脚编辑状态，在整篇文档所有页面的指定位置插入页码，如图 1－156 所示。

图 1－156　插入页码

（2）单击"重新编号"下拉按钮，设置页码的起始编号，如图 1－157 所示。如果在文档中插入了分节符，可以设置当前节的页码是否续前节排列。

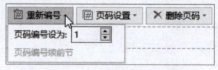

图 1－157　设置页码的起始编号

（3）单击"页码设置"下拉按钮，在打开的下拉列表中修改页码的编号样式、显示位置以及应用范围，如图 1－158 所示。

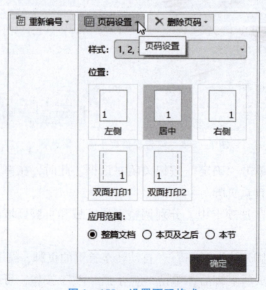

图 1－158　设置页码格式

（4）如果要取消显示页码，单击"删除页码"下拉按钮，在打开的下拉列表中选择要删除的页码范围，如图 1-159 所示。

（5）设置完成后，单击"页眉页脚"选项卡中的"关闭"按钮 ⊠ ，退出页眉页脚的编辑状态。

如果要修改页码，双击页眉页脚区域，按照步骤（3）～（5）重新进行设置，或单击"插入"选项卡下的"页码"下拉按钮 ，在打开的下拉列表中单击"页码"命令，打开图 1-160 所示的"页码"对话框进行修改。

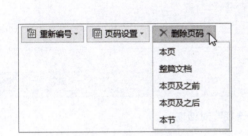

图 1-159　删除页码

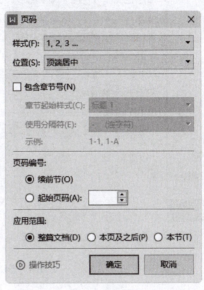

图 1-160　"页码"对话框

在这里，可以修改页码的编号样式、显示位置、是否包含章节号、编号方式以及应用范围。

（五）修订与批注的使用

在编辑文档时，使用文档修订功能，可以记录文档的修改信息，方便对比和查看原文档和修改文档之间的变化；使用批注功能可以对文档添加注释、说明、建议、意见等信息。

1. 修订操作

修订显示文档中所做的诸如删除、插入或其他编辑、更改的位置的标记。

单击"审阅"选项卡中的"修订"下拉按钮 ，打开图 1-161 所示的"修订"下拉列表，单击"修订"命令或按 Ctrl + Shift + E 键启动修订功能。

图 1-161　"修订"下拉列表

启动"修订"功能后，文字删除、增加、空格等都会自动呈现备注等信息。

单击"修订选项"命令，打开"选项"对话框的"修订"选项卡，用户可以根据自己的需求设置标记、批注框和打印，如图 1-162 所示。

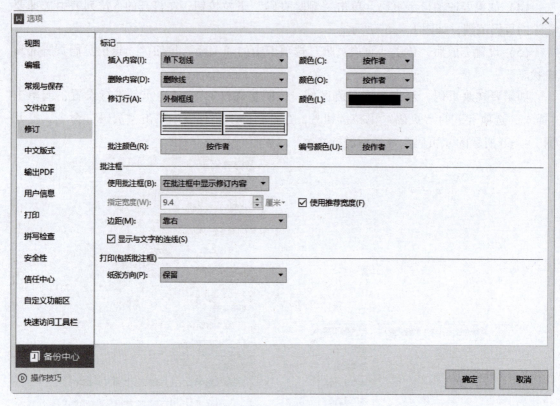

图 1-162 "选项"对话框

在"修订"下拉按钮的右侧有显示标记的最终状态设置栏，单击·按钮，打开图 1-163 所示的下拉列表，可设置显示标记的原始状态和最终状态，以及不显示标记的原始状态和最终状态。

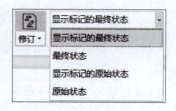

图 1-163 显示标记状态

启动修订功能后，再次单击"修订"命令，或按 Ctrl + Shift + E 键可关闭修订功能。

用户可对修订的内容选择接收或拒绝修订，单击"审阅"选项卡中的"接受"或"拒绝"按钮，在打开的下拉列表中可以设置接受或拒绝单个修订、接受或拒绝所有格式的修订、接受或拒绝所有显示的修订、接受或拒绝对文档所做的所有修订。

2. 批注操作

批注指作者或审阅者为文档添加的注释。

1）插入批注

选中要插入批注的文字或插入点，单击"审阅"选项卡中的"插入批注"按钮，插入批注，输入任何批注内容，批注可以是意见、建议或疑问等。

2）删除批注

若要快速删除单个批注，右击批注，然后在弹出的右键菜单中单击"删除批注"命令即可。或者单击"审阅"选项卡中的"删除"按钮，在打开的下拉列表中单击"删除批注"命令，删除所选批注；如果单击"删除文档中的所有批注"命令，将删除文档中的所有批注。

（六）水印的添加

在 WPS 文档中，水印是一种用于增强文档视觉效果或标注文档状态的功能。水印通常显示在文档页面的背景中，可以是文字水印或图片水印。水印不会影响文档正文内容，但可以提升文档的专业性和安全性。

单击"插入"选项卡中"水印"按钮 ，弹出"水印"下拉菜单，如图 1－164 所示，在该下拉菜单中可以直接选择 WPS 中预设的水印，文档自动添加水印。

如果预设水印中没有心仪的水印，我们可以在"水印"下拉菜单中单击"点击添加"按钮或"插入水印"命令，打开"水印"对话框，如图 1－165 所示。

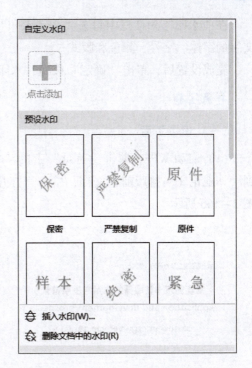

图 1－164　"水印"下拉菜单

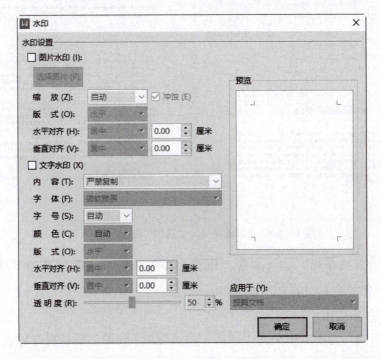

图 1－165　"水印"对话框

在"水印"对话框中勾选"图片水印"复选框后，可以插入自定义的图片文件并调整图片的缩放和版式。

在“水印”对话框中勾选“文字水印”复选框后，可以插入自定义的文字内容并设置文字的字体、字号、颜色和版式。

完成设置后，单击“确定”按钮，水印将被添加到文档中。

任务实施

（一）设置页面

（1）启动WPS，单击“首页”上的“打开”按钮，打开“打开文件”对话框，找到“毕业论文－排版前”文档，单击“打开”按钮，打开“毕业论文－排版前”文档，如图1－166所示。

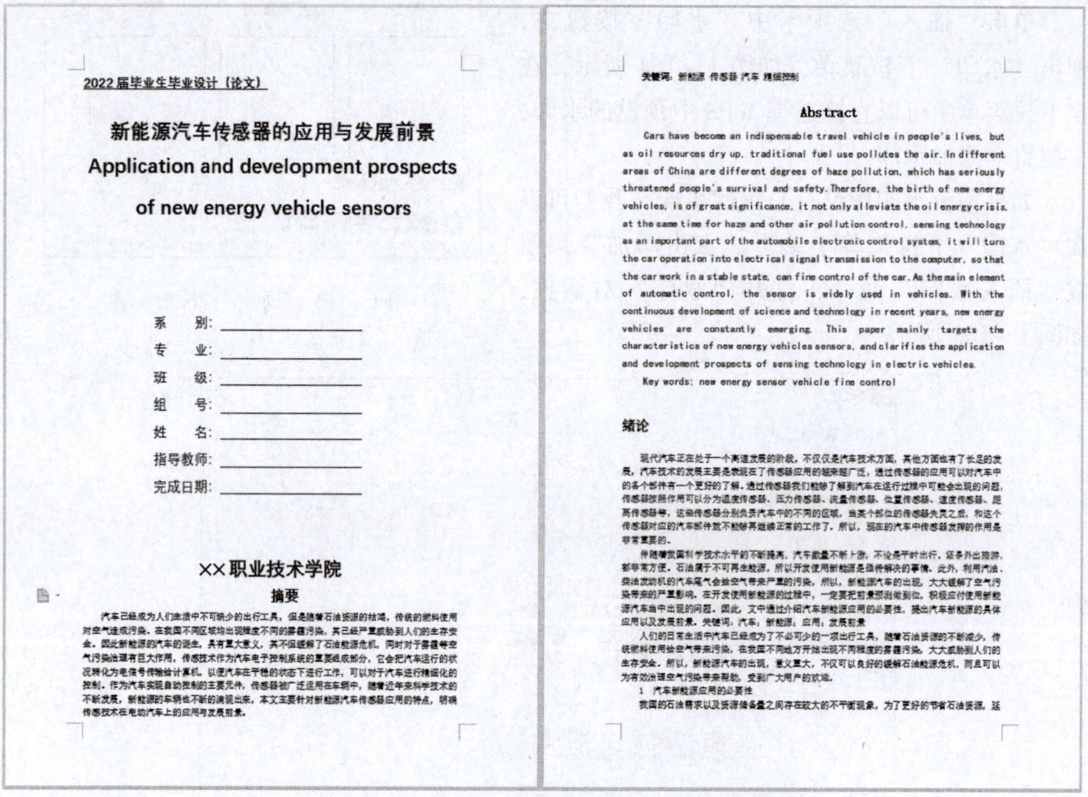

2022届毕业生毕业设计（论文）

新能源汽车传感器的应用与发展前景

Application and development prospects of new energy vehicle sensors

系　　别：

专　　业：

班　　级：

组　　号：

姓　　名：

指导教师：

完成日期：

××职业技术学院

摘要

汽车已经成为人们生活中不可缺少的出行工具，但是随着石油资源的枯竭，传统的燃料使用对空气造成污染。在我国不同区域均出现程度不同的雾霾污染，其已经严重威胁到人们的生存安全。因此新能源的汽车的诞生，具有重大意义，其不但缓解了石油能源危机，同时对于雾霾等空气污染治理有巨大作用，传感技术作为汽车电子控制系统的重要组成部分，它会把汽车运行的状况转化为电信号传输给计算机，以便汽车在平稳的状态下进行工作，可以对于汽车进行精细化的控制。作为汽车实现自动控制的主要元件，传感器被广泛运用在车辆中，随着近年来科学技术的不断发展，新能源的车辆也不断的涌现出来，本文主要针对新能源汽车传感器应用的特点，明确传感技术在电动汽车上的应用与发展前景。

关键词：新能源 传感器 汽车 精细控制

Abstract

Cars have become an indispensable travel vehicle in people's lives, but as oil resources dry up, traditional fuel use pollutes the air. In different areas of China are different degrees of haze pollution, which has seriously threatened people's survival and safety. Therefore, the birth of new energy vehicles, is of great significance, it not only alleviate the oil energy crisis, at the same time for haze and other air pollution control, sensing technology as an important part of the automobile electronic control system, it will turn the car operation into electrical signal transmission to the computer, so that the car work in a stable state, can fine control of the car. As the main element of automatic control, the sensor is widely used in vehicles. With the continuous development of science and technology in recent years, new energy vehicles are constantly emerging. This paper mainly targets the characteristics of new energy vehicles sensors, and clarifies the application and development prospects of sensing technology in electric vehicles.

Key words: new energy sensor vehicle fine control

绪论

现代汽车正在处于一个高速发展的阶段，不仅仅是汽车技术方面，其他方面也有了长足的发展，汽车技术的发展主要是表现在了传感器应用的越来越广泛，通过传感器的应用可以对汽车中的各个部件有一个更好的了解。通过传感器我们能够了解到汽车在运行过程中可能会出现的问题，传感器按照作用可以分为温度传感器、压力传感器、流量传感器、位置传感器、速度传感器、距离传感器等，这些传感器分别负责汽车中的不同的区域，当某个部位的传感器失灵之后，和这个传感器对应的汽车部件就不能够再继续正常的工作了。所以，现在的汽车中传感器发挥的作用是非常重要的。

伴随着我国科学技术水平的不断提高，汽车数量不断上涨，不论是平时出行，还是外出旅游，都非常方便。石油属于不可再生能源，所以开发使用新能源是亟待解决的事情。此外，利用汽油、柴油发动机的汽车尾气会给空气带来严重的污染，所以，新能源汽车的出现，大大缓解了空气污染带来的严重影响。在开发使用新能源的过程中，一定要把前景预测做到位，积极应付使用新能源汽车当中出现的问题。因此，文中通过介绍汽车新能源应用的必要性，提出汽车新能源的具体应用以及发展前景。关键词：汽车；新能源；应用；发展前景

人们的日常生活中汽车已经成为了不必可少的一项出行工具，随着石油资源的不断减少，传统燃料使用给空气带来污染，在我国不同地方开始出现不同程度的雾霾污染，大大威胁到人们的生存安全。所以，新能源汽车的出现，意义重大，不仅可以良好的缓解石油能源危机，而且可以为有效治理空气污染带来帮助，受到广大用户的欢迎。

1　汽车新能源应用的必要性

我国的石油需求以及资源储备量之间存在较大的不平衡现象，为了更好的节省石油资源，延

图1－166　“毕业论文－排班前”文档（部分）

（2）单击“页面布局”选项卡中“纸张大小”按钮，在打开的下拉列表中选择“A4”选项，结果如图1－167所示。

（二）设置样式和格式

（1）在“开始”选项卡中单击“样式”功能组右下角的功能扩展按钮，在弹出“预设样式”下拉菜单中，单击“新建样式”命令，打开“新建样式”对话框，在打开的“新建样式”对话框中设置一级标题。一级标题的样式设置如图1－168所示，单击“确定”按钮，完成样式的设置。

图 1 – 167　修改页面大小后结果

图 1 – 168　新建一级标题样式

（2）选中"摘要""Abstract""绪论""一、我国新能源汽车发展现状"等一级标题，单击"开始"选项卡中我们刚刚设置的一级标题样式，完成设置。

（3）选中除了"摘要""Abstract""绪论""十二、总结""十三、参考文献"以外的全部一级标题，单击"开始"选项卡中"段落"功能组右下角的功能扩展按钮▣，打开"段落"对话框，设置对齐方式为"左对齐"，特殊格式为"（无）"，单击"确定"按钮完成设置，结果如图1-169所示。

图1-169 设置后的一级标题效果

（三）设置分页和分节

（1）将光标放在"××职业技术学院"的末尾，单击"章节"选项卡"新增节"下拉列表中的"下一页分节符"命令，在此插入分节符，如图1-170所示。采用相同的方法，在摘要和英文摘要的最后一个字符末尾插入分节符。

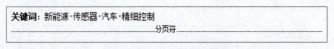

图1-170 插入分节符

（2）将光标放在关键词这一行的末尾，单击"插入"选项卡中的"分页"下拉列表中的"分页符"命令，在此插入分页符，如图1-171所示。

关键词：新能源·传感器·汽车·精细控制
分页符

图1-171 插入分页符

（3）采用相同的方法，分别在每一节的末尾添加分页符或下一页分页符。

（四）设置页脚与插入目录

（1）单击"插入"选项卡中的"页眉页脚"按钮，进入页眉页脚编辑状态，输入页眉为论文名称，这里输入"新能源汽车传感器的应用与发展"；在"页眉页脚"选项卡中设置页眉顶端距离为2.00厘米，在"开始"选项卡中设置页眉的字体为"宋体"，字号为"小五"。

（2）单击"页眉页脚"选项卡中"页眉页脚选项"按钮，打开"页眉/页脚设置"对话框，勾选"首页不同"复选框，在"页脚"下拉列表中选择"页脚中间"，其他采用默认设置，如图1-172所示，单击"确定"按钮。

（3）首页没有显示页眉，但是显示了页脚，如图1-173所示。在首页的页脚处，单击"删除页码"按钮，在打开的下拉列表中选择"本页"选项，删除首页的页码。

（4）在"摘要"第一页的页脚处单击"页码设置"按钮，打开"页码设置"对话框，设置样式为"Ⅰ，Ⅱ，Ⅲ…"，应用范围为"本节"，如图1-174所示，单击"确定"按钮，将更改本节的页码样式。

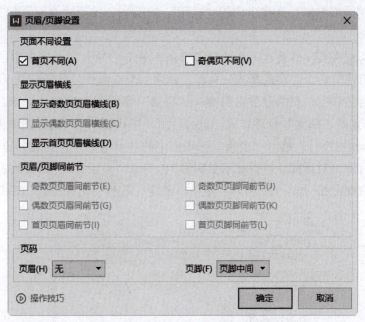

图 1–172　"页眉/页脚设置"对话框

图 1–173　首页页脚

（5）在"绪论"第一页的页脚处单击"页码设置"按钮，打开"页码设置"对话框，设置样式为"1，2，3…"，应用范围为"本页及之后"，单击"确定"按钮；然后单击"重新编号"按钮，在打开的下拉列表中将页码编号设置为 1，如图 1–175 所示，按 Enter 键确认。

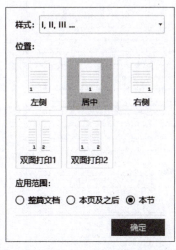

图 1–174　"页码设置"对话框

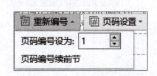

图 1–175　设置页码编号

（6）单击"页眉页脚"选项卡中的"关闭"按钮☒，关闭"页眉页脚"选项卡并退出页眉页脚的编辑。

（7）将光标放在英文摘要这一页的分节符前，单击"插入"选项卡中的"分页"下拉列表中的"分页符"命令，在此插入分页符，新建一个空白页，且分节符将移到空白页上。

（8）将光标放在空白页的分节符前输入"目录"字样，然后在"开始"选项卡中设置"目录"标题样式同"摘要"标题样式，也可以用"格式刷"⌷实现标题样式一样。

（9）按 Enter 键换行，单击"引用"选项卡中的"目录"下拉列表中的"自定义目录"命令，打开"目录"对话框，设置显示级别为3，勾选"显示页码""页码右对齐"和"使用超链接"复选框，如图 1－176 所示，单击"确定"按钮，生成目录，如图 1－177 所示。

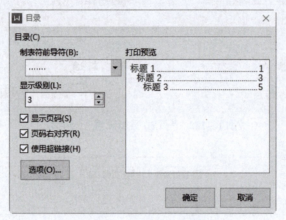

图 1－176　"目录"对话框

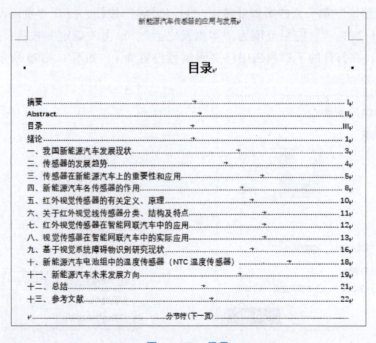

图 1－177　目录

（五）设置批注与修订

（1）单击"审阅"选项卡中的"修订"下拉按钮 ![修订]，在弹出来的下拉菜单中单击"修订"命令，删除"十二、总结"中的"十二、"，结果如图 1–178 所示。

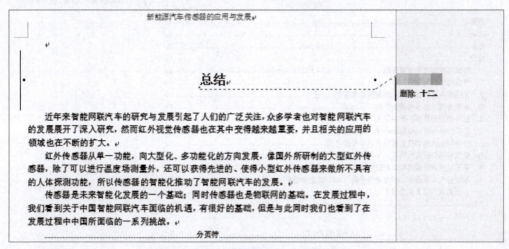

图 1–178　在审阅模式下删除文本

（2）按照同样的方法删除"十三、参考文献"中的"十三、"。

（3）选中"目录"标题，单击"审阅"选项卡中的"插入批注"按钮 ![批注]，插入批注，输入批注内容，如图 1–179 所示。

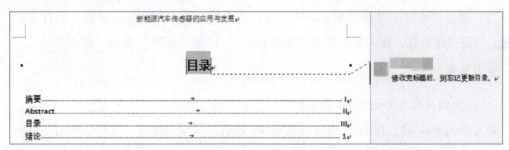

图 1–179　插入批注

（4）再次单击"修订"按钮，关闭修订模式。单击"引用"选项卡中的"更新目录"按钮 ![更新目录]，弹出"更新目录"对话框，如图 1–180 所示，勾选"更新整个目录"复选框，单击"确定"按钮，更新整个目录，结果如图 1–181 所示。

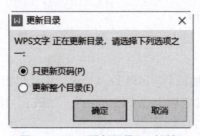

图 1–180　"更新目录"对话框

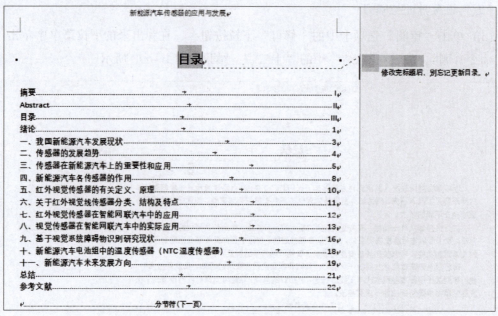

图 1 –181　更新后的目录

（六）设置水印

（1）单击"插入"选项卡中"水印"按钮，在弹出的"水印"下拉菜单中选择"保密"水印，文档自动添加"保密"水印，最终结果如图 1 –135 所示。

（2）单击"文件"菜单选项卡中的"另存为"按钮，弹出"另存文件"对话框，指定保存位置，输入文件名为"毕业论文"，单击"保存"按钮，保存文档。

能力拓展

（一）安装并配置 DeepSeek 到 WPS

接入 DeepSeek 后，在 WPS 中可以实现 AI 对话、写作、排版、绘画、校对、翻译、数据分析、公式执行等多种功能。

1．安装 OfficeAI 助手插件

（1）访问 OfficeAI 助手官网（https://www. office – ai. cn/），如图 1 –182 所示，单击"立即下载"按钮，下载 OfficeAI 助手插件。

（2）下载完成后，双击安装文件，按照提示完成安装。

2．获取 DeepSeek API Key

（1）访问 DeepSeek 官网（https://www. deepseek. com/），单击"API 开放平台"，注册并登录账号。

（2）单击"API keys"，切换到"API keys"选项卡，单击"创建 API key"按钮，打开"创建 API key"对话框，输入名称为"WPS 应用"，如图 1 –183 所示，单击"创建"按钮，创建 API key。

图 1 – 182　OfficeAI 助手官网

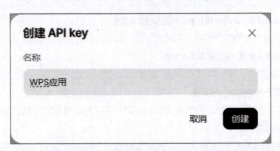

图 1 – 183　"创建 API key" 对话框

（3）单击"复制"按钮，复制生成的 API Key。

3. 配置 DeepSeek 到 WPS

（1）在 WPS 中，单击"OfficeAI"选项卡中的"设置"按钮 ⚙设置 ，打开"设置"对话框，如图 1 – 184 所示。切换到"大模型设置"选项卡。

（2）切换到"ApiKey"，在"模型平台"下拉列表中选择"Deepseek"，在"模型名"下拉列表中选择"deepseek – R1"或"deepseek – chat V3"（根据需求选择）。

（3）在"API_KEY"输入框中粘贴之前复制的 API Key，单击"保存"按钮。

（二）使用 DeepSeek 制作市场报告

（1）在 WPS 中，新建一个空白的文字文档。单击"OfficeAI"选项卡中的"右侧面板"按钮 🤖 ，在 WPS 界面的右侧显示"海鹦 OfficeAI 助手"聊天对话框，如图 1 – 185 所示。

图 1－184　配置 DeepSeek

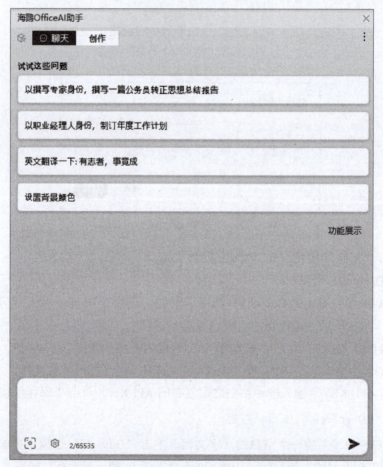

图 1－185　"海鹦 OfficeAI 助手" 聊天对话框

（2）在对话框中输入提示词：

> 作为行业分析师，撰写一份2024年中国新能源汽车市场报告，要求：
>
> 1. 结构：摘要、市场规模（2021—2023年复合增长率）、竞争格局（TOP5品牌市占率对比）、技术趋势（电池/智能驾驶）、政策影响（补贴退坡）、风险预警
>
> 2. 数据：引用中汽协、乘联会公开数据，标注增长率百分比
>
> 3. 分析：包含比亚迪vs特斯拉的供应链对比表格
>
> 4. 输出：包含3条可行性战略建议。

（3）单击"发送"按钮 ➤。OfficeAI会对提示词进行深度思考，并对其进行分析，然后输出市场报告，结果如图1–186所示。

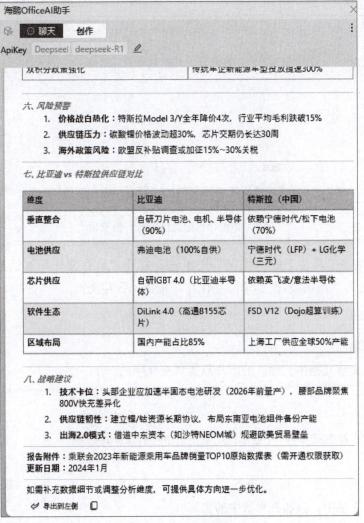

图1–186　输出报告

（4）单击"导出到左侧"按钮，将市场报告导出到文档中，删除不需要的文字。

（5）单击"OfficeAI"选项卡中的"一键排版"按钮 A≡，打开图 1−187 所示的"排版文档选择"对话框，选择一种文档类型，这里选择"通用文档"，DeepSeek 会对文档进行分析，然后对市场报告重新排版。

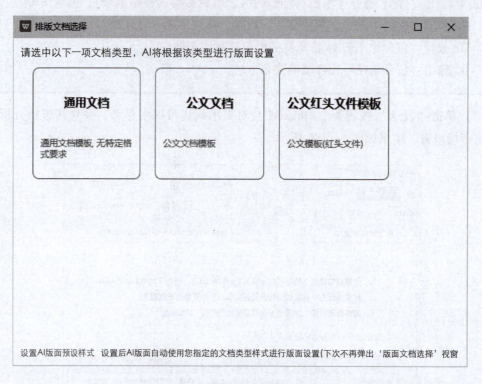

图 1−187 "排版文档选择"对话框

（6）单击快速工具栏上的"保存"按钮 🖫，打开"另存文件"对话框，指定保存位置，输入文件名为"市场报告"，单击"保存"按钮，保存文档。

课后练习

（一）选择题

1. 在 WPS 文字文档中，插入的图片只能放在文字的（　　）。

A. 左右 　　　　　　　　　　　　　　　B. 上下

C. 中间 　　　　　　　　　　　　　　　D. 以上均可

2. 在形状列表中选中了"矩形"，按下左键拖动的同时按下（　　）键可以绘制正方形。

A. Ctrl 　　　　　　B. Shift 　　　　　　C. Alt 　　　　　　D. Ctrl + Alt

3. 在 WPS 文字中，添加在形状中的文字（　　）。

A. 会随着形状的缩放而缩放 　　　　　　B. 会随着形状的旋转而旋转

C. 会随着形状的移动而移动 　　　　　　D. 以上三项都正确

4. 下面有关文本框的说法，正确的是（　　　）。

A. 不可与文字叠放

B. 有三种类型的文本框

C. 会随着框内文本内容的增多而自动扩展

D. 文字环绕方式只有三种

5. 下列关于表格的说法错误的是（　　　）。

A. 使用表格模型能创建任意行或列的表格

B. 利用"插入表格"命令可以指定表格的行列数

C. 可以按行或列将一个表格拆分为两个表格

D. 单击左上角的控制点⊞可以选取整个表格

6. 选择某个单元格后，按下 Delete 键将（　　　）。

A. 删除该单元格　　　　　　　　　B. 删除整个表格

C. 删除单元格所在的行　　　　　　D. 删除单元格中的内容

7. 使用 WPS 文字制作了一份会员通讯录，如果希望能快速定位到某位会员的联系方式，可以选择的排序依据是（　　　）。

A. 笔画　　　　　　　　　　　　　B. 数字

C. 日期　　　　　　　　　　　　　D. 拼音

8. 在 WPS 文字中，选定表格的一列，再执行"剪切"命令，则（　　　）。

A. 该列各单元格中的内容被删除，变成空白

B. 该列的边框线被删除，但保留文字

C. 该列被删除，表格减少一列

D. 该列不发生任何变化

9. 在 WPS 文字中，对于一个多行多列的空表格，如果当前插入点在表格中部的某个单元格内，按 Tab 键，（　　　）。

A. 插入点移至右边的单元格中

B. 插入点移至左边的单元格中

C. 插入点移至下一行第一列单元格中

D. 在当前单元格内键入一个制表符

（二）操作题

1. 制作电梯使用安全须知，如图 1 – 188 所示。

（1）输入正确的文字。

（2）对字符进行格式化。

（3）对段落进行格式化。

2. 制作禁止吸烟通知，如图 1 – 189 所示。

（1）输入文本内容。

（2）插入艺术字。

（3）设置字体底纹与颜色。

关于电梯使用安全须知

Notice on safety riding

为保证乘客的人身安全和电梯设备的正常运行，请遵守以下规定正确使用电梯。

To guarantee the safety of passengers and normal operation of equipment, please strictly follow the listed rules:

1. 禁止携带易燃、易爆或带腐蚀性的危险品乘用电梯。
   Never carry dangerous materials that are flammable explosive or corrosive into elevator.
2. 在电梯运行过程中，请勿在电梯内蹦跳。
   Please do not jump in the running elevator.
3. 不允许超载使用电梯，以免发生意外。
   Overload of elevator is forbidden.
4. 请勿在轿门和层门之间逗留，严禁依靠在电梯的轿门或层门上。
   Please do not stay between elevator car door and hall door and lean against car door or hall door.
5. 严禁撞击、踢打、撬动，或以其他方式企图打开电梯的轿门和层门。
   Never try to open the car door or hall door through improper means such as strike, kick, and unclean.
6. 在电梯开关门时，请不要直接用手或身体阻碍门的运动，这样可能导致撞击的危险。正确的方法是按压与轿厢运行方向一致的层站召唤按钮或轿厢操纵箱开门按钮。
   Please do not use hand or body to stop the moving of car door, which is very dangerous. Instead, the right way is to hold one of the hall buttons which is the same direction, up or down, with the running car or hold open button in car operation panel.
7. 不允许无民事行为责任能力的人员，在没有相关人员陪同下乘坐电梯。老人、行动不便者和身体不适者应由其他人员陪同乘坐电梯。
   Never allow those who are unable to take the civil responsibility for their behaviors to ride elevators, except that they are accompanied with other people. The elders, disables, and people not in good health shall be accompanied to ride elevators.
8. 严禁乘坐明示处于非安全状态下的电梯。
   Never ride elevators that are clearly marked with unsafe condition.

图 1-188　电梯使用安全须知

禁止吸烟通知

公司各部室：

　　为了优化办公环境以及保证全体员工的身心健康，同时树立广大员工的安全防火意识，更好地构建和谐的办公环境，结合公司实际情况，特制定本制度：

　　一、所有办公室、会议室不准放烟灰缸。

　　二、在公司各办公室内外、楼梯、走廊、卫生间及生产、办公场所等公共场所实行严格禁烟，绝对不许抽烟，不准有烟头。

　　三、凡违反规定者，严格按以下罚则处理：

　　　　1. 在禁烟区，凡发现抽烟者，第一次，中层干部以上人员罚款 500 元，员工罚款 200 元；第二次，除按第一次标准罚款外，在全公司范围内通报批评；第三次，在按第二次标准处罚外，取消其评先、评优资格。

　　　　2. 各部室要高度重视，按照公司划定的卫生责任区，认真清理干净烟头。若发现烟头，第一次，每发现一个扣罚相关部室或当班责任部室 100 元；第二次，除按第一次标准罚款外，在全公司范围内通报批评；第三次，在按第二次标准处罚外，取消其部室评先、评优资格。

　　本通知从 4 月 22 日起执行，望大家共同遵守，监督执行！

　　　　　　　　　　　　　　　　　　××市供水集团有限公司

　　　　　　　　　　　　　　　　　　2015 年 3 月 21 日

图 1-189　禁止吸烟通知

3. 制作员工人事记录表，如图 1 – 190 所示。

（1）绘制并编辑表格。

（2）正确输入样例中的文字。

员 工 人 事 数 据 表

➤ 个人资料						
照片粘贴处	姓名		性别		民族	
	身高		籍贯		学历	
	联系电话		微信号		婚姻状况	
	身份证号码					
	紧急联系人		关系		联系电话	
联系地址						

➤ 教育程度		
学校	专业	时间

➤ 工作经历		
公司	职务	时间

➤ 特长	
语言	
计算机	
其他	

图 1 – 190　员工人事数据表

4. 制作在职证明，如图 1 – 191 所示。

（1）输入文本内容。

（2）设置段落格式。

（3）打印文档。

在职证明

　　兹证明_____，出生日期_____年_____月_____日，姓别_____在_____单位_____部门任_____职务自___年___月___日至今，迄今已满_____年。

月薪_____元人民币。

单位地址：_____

本人电话：_____(能联系到本人之正确电话)

单位联系人：_____联系人手写签名

联系人电话：_____

特此证明

单位名称：_____

单位电话：_____

单位印章：_____

_____年_____月_____日

图 1-191　在职证明

项目二

电子表格处理

素养目标

1. 通过学习和创建"学生成绩表"，培养学生的团队协作精神和逻辑思维能力，增强学生的实践能力和问题解决能力，体验数据处理带来的成就感。

2. 通过学习"学生成绩的数据处理"，培养学生严谨细致的工作态度，增强学生责任感和对数据准确性的重视意识。

3. 通过统计与分析成绩报表数据，培养学生实事求是的科学态度，增强学生对数据分析严谨性和客观性的认识。

4. 通过美化、保护与打印成绩表，引导学生树立信息安全意识，理解数据隐私保护的重要性，培养其职业道德素养。

学习目标

1. 熟悉电子表格的操作界面及其基本功能。
2. 掌握工作簿、工作表和单元格的基本操作方法。
3. 掌握常用函数的使用方法。
4. 能够利用排序、筛选和分类汇总功能对数据进行整理和分析。
5. 掌握工作簿、工作表和单元格的保护方法，以及打印设置的相关操作。

任务 6　创建学生成绩表

任务描述

本任务将实现在 WPS 电子表格中创建工作表并填充数据。通过对本任务相关知识的学习和实践，要求学生掌握工作簿、工作表和单元格的基本操作、数据的填充、数据有效性的应用，认识条件格式，并完成学生成绩表的创建。效果如图 2-1 所示。

	A	B	C	D	E	F	G	H	I	J	K
1					20××年下半年期末成绩表						
2	序号	学号	姓名	高数	大学英语	形势与政策	化学	体育	总分	平均分	排名
3	1	230101	王明	68	85	77	83	88			
4	2	230102	李丽	78	72	68	76	86			
5	3	230103	高英	85	67	78	63	75			
6	4	230104	张雪	92	78	65	62	72			
7	5	230105	马刚	56	89	71	87	70			
8	6	230106	张一恒	75	75	86	76	68			
9	7	230107	胡晓玲	86	78	74	70	65			
10	8	230108	郑春玲	81	52	85	95	64			
11	9	230109	马晓丽	79	68	73	87	62			
12	10	230110	郭金华	72	74	69	65	77			
13	11	230111	周光荣	66	88	72	78	79			
14	12	230112	李庆泰	63	75	88	82	58			
15	13	230113	杨丽娜	95	99	55	86	78			
16	14	230114	何晓燕	53	73	76	64	90			
17	15	230115	白晓生	74	64	63	71	65			

成绩表　成绩表 (2)　＋

图 2-1　学生成绩表

相关知识

（一）熟悉 WPS Office 的电子表格操作界面

WPS 电子表格作为 WPS Office 软件中的重要组成部分，提供了一个功能强大且用户友好的数据管理和分析平台。它不仅兼容多种电子表格文件格式，包括 Microsoft Excel 的 .xls 和 .xlsx 文件，还提供了丰富的数据处理功能，如复杂数学、统计函数、数据分析工具以及宏编程支持。WPS 电子表格通过其直观的界面设计，使得从初学者到专业人士都能轻松地进行数据录入、计算、图表制作和报表生成等操作。此外，它还支持多工作表操作、冻结窗格、分组与排序、筛选器定制等功能，进一步满足了专业用户在数据管理上的各种需求。

启动 WPS Office，单击"首页"上的"新建"按钮❶，打开"新建"选项卡，单击"新建表格"按钮，进入创建表格界面，单击"新建空白表格"按钮，新建工作簿。

WPS Office 表格工作界面由上至下主要有标题栏、功能区、名称框、编辑栏、工作区和状态栏六部分，如图 2-2 所示。

WPS Office 表格工作界面中的标题栏、功能区、状态栏和文档处理操作界面中的功能是类似的，这里不再进行介绍，下面介绍 WPS Office 表格工作界面中特有的功能。

1. 名称框

名称框可以显示当前选定的单元格、绘图对象或图表项的名称，也可以快速定位单元格。

2. 编辑栏

编辑栏可以输入、编辑或显示工作表中当前单元格的数据，也可以输入、编辑公式。

3. 工作区

显示正在编辑的工作表。工作表由行和列组成，工作表中的每个小格称为一个"单元格"，它是工作表中最基本的单位，是用户输入、编辑数据的区域。

（二）工作簿的基本操作

工作簿是 WPS 中用来计算和存储数据的文件，它是用户的工作平台。每个工作簿可以包含一个或多个工作表，如图 2-3 所示。

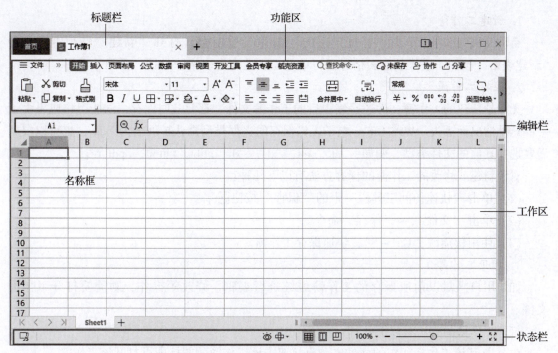

图 2 – 2　WPS Office 表格工作界面

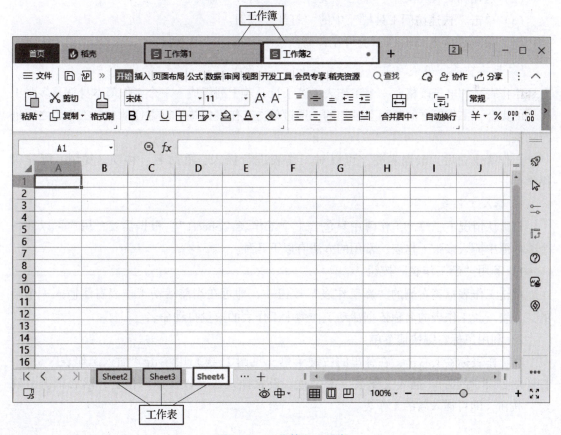

图 2 – 3　工作簿和工作表

1. 新建工作簿

启动 WPS Office，单击"首页"上的"新建"按钮❶，打开"新建"选项卡，单击"新建表格"按钮，进入创建表格界面，单击"新建空白表格"按钮，新建工作簿。

2. 保存工作簿

无论是新建的工作簿文件还是编辑后的工作簿文件，都要及时保存，防止工作成果由于一些意外情况而丢失。WPS Office 电子表格保存的文件类型默认扩展名为 . xlsx，也可以根据需要选择其他的文件类型，例如，. et、. ett、. xls、. xlt、. dbf、. html、. pdf 等。

对于新建或修改的工作簿的保存方法有以下几种：

(1) 单击"快速访问工具栏"上的"保存"按钮🗗。

(2) 单击"文件"→"保存"命令。

(3) 使用快捷键"Ctrl + S"，快速保存工作簿。

3. 打开工作簿

如果用户想对以前所保存的工作簿继续进行编辑、修改等操作，则需要打开工作簿文件。

打开工作簿的方法有以下几种：

(1) 打开该工作簿所在的文件夹，直接双击该工作簿的图标即可打开该工作簿。

(2) 启动 WPS Office 后，单击"文件"→"打开"命令。

(3) 单击"快速访问工具栏"中的"打开"按钮。

(4) 使用快捷键 Ctrl + O，打开工作簿。

(三) 工作表的基本操作

工作表又称电子表格，一个工作表由若干行、若干列组成。一个工作簿本身就是多张工作表的集合，工作表之间是相互独立的，通过单击工作表标签可以方便地在各工作表之间进行切换。

工作簿建立后，根据需要，可以对工作表进行插入、重命名、移动、复制、删除等操作。

1. 插入工作表

在默认情况下，每个工作簿中只包含 1 个工作表"Sheet1"。根据需要，用户可以在一个工作簿中插入多张工作表，常用的方法有以下几种：

1) 利用"新工作表"按钮

单击工作表标签右侧的"新工作表"按钮➕，即可在当前活动工作表右侧插入一个新的工作表。新工作表的名称依据活动工作簿中工作表的数量自动命名。

2) 利用鼠标右键快捷菜单

在工作表标签上右击，在弹出的右键菜单（见图 2 – 4）中单击"插入工作表"命令，打开图 2 – 5 所示的"插入工作表"对话框，设置插入数目以及插入位置，然后单击"确定"按钮，即可插入新的工作表。

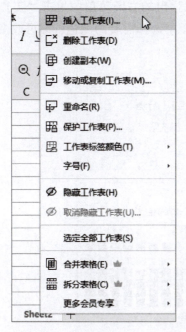

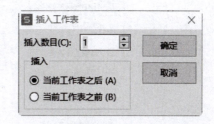

图 2-4　右键菜单　　　　图 2-5　"插入工作表"对话框

2. 选择工作表

在实际应用中，一个工作簿通常包含多张工作表，用户可能要在多张工作表中编辑数据，或对不同工作表的数据进行汇总计算，这就要在不同的工作表之间进行切换。

（1）单击工作表的名称标签，即可进入对应的工作表。工作表的名称标签位于状态栏上方，其中高亮显示的工作表为活动工作表。

（2）选中一个工作表之后，按下 Shift 键单击最后一个要选中的工作表，可以选择多个连续的工作表。

（3）选中一个工作表之后，按下 Ctrl 键单击其他要选中的工作表，可以选择多个不连续的工作表。

（4）在工作表标签上右击，然后在弹出的右键菜单中单击"选定全部工作表"命令，选中当前工作簿中所有的工作表。

3. 重命名工作表

如果一个工作簿中包含多张工作表，给每个工作表指定一个具有代表意义的名称是很有必要的。重命名工作表有以下几种常用方法：

（1）双击要重命名的工作表名称标签，键入新的名称后按 Enter 键。

（2）在要重命名的工作表名称标签上右击，在弹出的右键菜单中单击"重命名"命令，键入新名称后按 Enter 键。

4. 更改工作表标签颜色

为便于用户快速识别或组织工作表，WPS 2022 提供了一项非常有用的功能，可以给不同工作表标签指定不同的颜色。

选中要添加颜色的工作表名称标签，右击，在弹出的右键菜单中单击"工作表标签颜色"命令，打开颜色色板，如图2-6所示。在色板中选择需要的颜色，即可改变工作表标签的颜色。

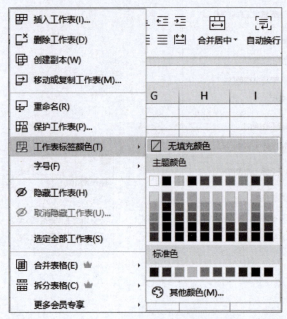

图2-6　设置工作表标签颜色

5. 移动和复制工作表

在实际应用中，可能需要在同一个工作簿中制作两个相似的工作表，或者将一个工作簿中的工作表移动或拷贝到另一个工作簿中。

将工作表移动或复制到工作簿中指定的位置，可以利用以下两种方式。

1）用鼠标拖放

（1）移动工作表。

用鼠标选中要移动的工作表标签，按住鼠标左键不放，则鼠标所在位置会出现一个"白板"图标□，且在该工作表标签的左上方出现一个黑色倒三角标志，如图2-7所示。

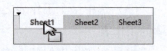

图2-7　黑色倒三角标志

按住鼠标左键不放，在工作表标签之间移动鼠标，"白板"和黑色倒三角会随鼠标移动，如图2-8所示。

将鼠标移到目标位置，释放鼠标左键，工作表即可移动到指定的位置，如图2-9所示。

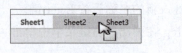

图2-8　移动工作表标签

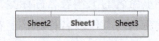

图2-9　移动后的效果

（2）复制工作表。

按住Ctrl键的同时，在要复制的工作表标签上按住鼠标左键不放，此时鼠标所在位置显示一个带"＋"号的"白板"图标 ⊞ 和一个黑色倒三角。

在工作表标签之间移动鼠标，带"＋"号的"白板"和黑色倒三角也随之移动。

移动到目标位置，松开 Ctrl 键及鼠标左键，即可在指定位置生成一个工作表副本。

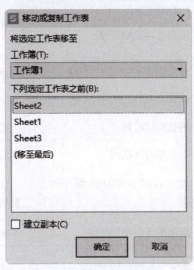

2）利用"移动或复制工作表"对话框

在要移动或复制的工作表名称标签上右击，在弹出的右键菜单中单击"移动或复制工作表"命令，打开图 2 – 10 所示的对话框。在"下列选定工作表之前"下拉列表中选择要移到的目标位置。如果要复制工作表，还要勾选"建立副本"复选框，单击"确定"按钮。

6. 删除工作表

如果不再使用某个工作表，可以将其删除。

在要删除的工作表标签上右击，在弹出的右键菜单中单击"删除"命令。删除工作表是永久性的，不能通过"撤消"命令恢复。

图 2 – 10　"移动或复制工作表"对话框

删除多个工作表的方法与此类似，不同的是在选定工作表时要按住 Ctrl 键或 Shift 键以选择多个工作表。

（四）　单元格的基本操作

工作表是一个二维表格，由行和列构成，行和列相交形成的方格称为单元格。单元格中可以填写数据，是存储数据的基本单位，也是 Excel 用来存储信息的最小单位。单元格的地址用列标行号标识，例如：A2 单元格表示该单元格为 A 列的第 2 行。

1. 选定单元格区域

在输入和编辑单元格内容之前，必须使单元格处于活动状态。所谓活动单元格，是指可以进行数据输入的选定单元格，特征是被绿色粗边框围绕。

通过键盘和鼠标选定单元格区域的操作如表 2 – 1 所示。

表 2 – 1　选定单元格区域

选定内容	操作
单个单元格	单击相应的单元格，或用方向键移动到相应的单元格
连续单元格区域	单击选定该区域的第一个单元格，然后按下鼠标左键拖动，直至选定最后一个单元格。值得注意的是：拖动鼠标前鼠标指针应呈空心十字形 ✛
工作表中所有单元格	单击工作表左上角的"全选"按钮 ◢
不相邻的单元格或单元格区域	先选定一个单元格或区域，然后按住 Ctrl 键选定其他的单元格或区域

选定内容	操作
较大的单元格区域	先选定该区域的第一个单元格，然后按住 Shift 键单击区域中的最后一个单元格
整行	单击行号
整列	单击列号
相邻的行或列	沿行号或列号拖动鼠标
不相邻的行或列	先选中第一行或列，然后按住 Ctrl 键选定其他的行或列
增加或减少活动区域中的单元格	按住 Shift 键并单击新选定区域中最后一个单元格，在活动单元格和所单击的单元格之间的矩形区域将成为新的选定区域
取消单元格选定区域	单击工作表中其他任意一个单元格

2. 移动或复制单元格

移动单元格是指把某个单元格（或区域）的内容从当前的位置移动到另外一个位置；而复制是指当前内容不变，在另外一个位置生成一个副本。

用鼠标拖动的方法可以方便地移动或复制单元格。

（1）选定要移动或复制的单元格。

（2）将鼠标指向选定区域的边框，此时鼠标的指针变为🔯。

（3）按下鼠标左键拖动到目的位置，释放鼠标，即可将选中的区域移到指定位置。

（4）如果要复制单元格，则在拖动鼠标的同时按住 Ctrl 键。

选定区域后单击"剪切"按钮✂或"复制"按钮🗐，然后打开要复制到的工作表，在要粘贴单元格区域的位置单击"粘贴"按钮🗐，将选定区域复制到其他工作表上。

3. 插入单元格

在需要插入单元格的位置，右击，打开图 2 – 11 所示的右键菜单，选择不同的插入方式，插入单元格。

（1）单击"插入单元格，活动单元格右移"或"插入单元格，活动单元格下移"命令，将新单元格插入活动单元格左侧或上方。

（2）单击"插入行"命令，在活动单元格下方插入一个或多个空行。

（3）单击"插入列"命令，在活动单元格左侧插入一个或多个空列。

4. 清除或删除单元格

清除单元格只是删除单元格中的内容、格式或批注，单元格仍然保留在工作表中；删除单元格则是从工作表中移除这些单元格，并调整周围的单元格，填补删除后的空缺。

1）清除单元格内容

选中要清除的单元格区域，按 Delete 键即可清除指定单元格区域的内容。

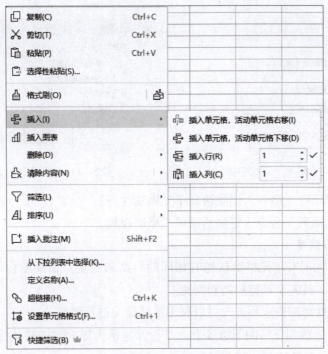

图2-11 右键菜单

2）清除单元格中的格式和批注

（1）选中要清除的单元格、行或列。

（2）在"开始"选项卡"单元格"下拉列表中单击"清除"命令，打开"清除"子菜单，如图2-12所示。

（3）根据要清除的内容在"清除"子菜单中选择相应的命令。

图2-12 "清除"子菜单

3）删除单元格

（1）选中要删除的单元格、行或列。在"开始"选项卡"单元格"下拉列表中单击"删除"命令，打开图2-13所示的下拉列表。

（2）单击"删除单元格"命令，打开图2-14所示的"删除"对话框，可以选择删除活动单元格之后，其他单元格的排列方式。

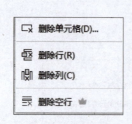

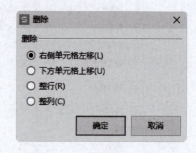

图 2 - 13 "删除"下拉列表　　　　图 2 - 14 "删除"对话框

（3）单击"删除行"命令，删除活动单元格所在行。

（4）单击"删除列"命令，删除活动单元格所在列。

5. 调整行高与列宽

WPS 工作表中的所有单元格默认拥有相同的行高和列宽，如果要在单元格中容纳不同大小和类型的内容，就需要调整行高和列宽。

如果对行高与列宽的要求不高，可以利用鼠标拖动进行调整。

（1）将鼠标指针移到行号的下边界上，当指针显示为纵向双向箭头 ✚ 时，按下左键拖动到合适位置释放，可改变指定行的高度。

（2）将鼠标指针移到列标的右边界上，当指针显示为横向双向箭头 ↔ 时，按下左键拖动到合适位置释放，可改变指定列的宽度。

✐提　示

双击列标题的右边界，可使列宽自动适应单元格中内容的宽度。如果要一次改变多行或多列的高度或宽度，只需要选中多行或多列，然后用鼠标拖动其中任何一行或一列的边界即可。

使用菜单命令可以精确地指定行高和列宽。

（1）选中要调整行高或列宽的单元格。

（2）单击"开始"选项卡中的"行和列"下拉按钮 ，在打开的下拉列表中选择需要的命令，如图 2 - 15 所示。

（3）单击"行高"命令，打开"行高"对话框设置行高的单位与数值，如图 2 - 16 所示，单击"确定"按钮，调整行高。单击"最适合的行高"命令，WPS 根据键入的内容自动调整行高。

（4）单击"列宽"命令，打开"列宽"对话框设置列宽的单位与数值，如图 2 - 17 所示，单击"确定"按钮，调整列宽。单击"最适合的列宽"命令，WPS 根据键入的内容自动调整列宽。

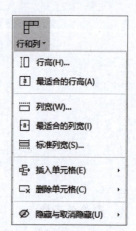

图 2 - 15　"行和列"
下拉列表

图 2 – 16　"行高"对话框

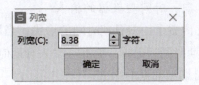

图 2 – 17　"列宽"对话框

（5）单击"标准列宽"命令，打开图 2 – 18 所示的"标准列宽"对话框，设置宽度和单位，单击"确定"按钮，将工作表中的所有列宽设置为一个固定值。

图 2 – 18　"标准列宽"对话框

（五）数据的填充

WPS Office 支持多种数据类型，在活动单元格中输入的数据可由数字、字母、汉字、标点和特殊符号等组成。在单元格中输入数据结束后，按 Enter 键或单击编辑栏中的"√"按钮可以确定输入，按 Esc 键或单击编辑栏中的"×"按钮可以取消输入。

1. 数值型数据的输入

数值型数据指由数字 0~9、正负号、小数点组成的常量整数和小数以及（）、E、e、%、¥的组合。默认情况下，数值型数据输入后自动右对齐，输入时分为以下几种情况。

（1）输入正数，直接将数字输入到单元格中。

（2）输入负数，可直接在数字前加一个负号"–"或给数字加上圆括号。例如，在单元格中输入"–78"或"（78）"都可以得到"–78"。

（3）输入分数，应在整数和分数之间输入一个空格。如果输入的分数小于1，应先输入 0 和空格再输入分数。例如，输入4/9，正确的输入是：0 空格4/9。如果输入的分数大于1，应先输入整数和空格再输入分数。例如，输入 8 又 5/7，正确的输入是：8 空格 5/7。

（4）输入科学记数，先输入整数部分，再输入"E"或"e"和指数部分。

（5）输入百分比数据，直接在数字后输入百分符号"%"，例如，80%。

输入数字时，若单元格中出现符号"####"，是因为单元格的列宽不够，不能显示全部数据，此时增大单元格的列宽即可。如果输入的数据过长（超过单元格的列宽或超过 11 位时），系统则自动以科学计数法表示。

2. 文本型数据的输入

（1）文本是指由汉字、数字、字母或符号等组成的数据。一般的文本型数据可以直接输入，输入后在单元格中自动左对齐。

（2）对于数字形式的文本型数据，如身份证号码、邮政编码、电话号码、学号、编号等，输入时应先在数字前输入英文状态的单引号" ' "，以区别于数值型数据。例如，输入编号0506，应输入" '0506"，其中单引号不在单元格中显示，只在编辑框中显示，其显示形式为 0506 。

（3）当输入的文本长度超出单元格的宽度，不能在一个单元格中全部显示时，若右边的单元格无内容，WPS 允许该文本扩展到右边列显示，否则截断显示，此时占用该位置的文本被隐藏。

3. 日期、时间型数据的输入

Excel 内置了一些日期时间的格式，当用户输入的数据与这些格式相匹配时，系统即识别其为日期时间型数据。因此在输入日期时间时，必须遵循一定的格式。

1）日期型数据的输入

常用的日期格式有"yyyy/mm/dd""yyyy－mm－dd""yy/mm/dd""mm/dd"等，其中 y 表示年，m 表示月，d 表示日，斜线"/"或减号"－"作为日期型数据中年、月、日的分隔符，例如 2023/12/18、2023－12－18、23/12/18、12/18。

2）时间型数据的输入

常用的时间格式有"hh:mm:ss""hh:mm:ss（AM/PM）""hh:mm"，"hh:mm（AM/PM）"等，其中 h 表示小时，m 表示分钟，s 表示秒。Excel 时间是以 24 小时制来表示的，若要以 12 小时制来表示时间，则在时间后输入一个空格再输入 AM/PM，其分别表示上午和下午。例如 13:35:34，1:35:34PM，13:35，1:35PM。

✏️ 提　示

如果要输入当前的日期，按 Ctrl +";"组合键，如果要输入当前的时间，按 Ctrl + Shift +";"组合键。

4. 快速填充相同数据

在选中的单元格区域填充相同的数据有多种方法，下面简要介绍几种常用的操作。

1）使用快捷键快速填充

选择要填充相同数据的单元格区域，输入要填充的数据，要填充数据的区域可以是连续的，也可以是不连续的。按组合键 Ctrl + Enter，即可在选中的单元格区域填充相同的内容。

2）拖动填充手柄快速填充

选中已输入数据的单元格，将鼠标指针移到单元格右下角的绿色方块（称为"填充手柄"）上，指标显示为黑色十字形＋。按下左键拖动选择要填充的单元格区域，释放左键，即可在选择区域的所有单元格中填充相同的数据。

使用填充手柄在单元格区域填充数据后，在最后一个单元格右侧显示"自动填充选项"按钮，单击该按钮，在图 2－19 所示的下拉列表中可以选择填充方式。

✏️ 提　示

在单元格区域填充的数据类型不同，"自动填充选项"下拉列表中显示的选项也会有所差异。

3）利用"填充"命令快速填充

选中已输入数据的单元格，按下左键拖动，选中要填充相同数据的单元格区域。单击"开始"选项卡中的"填充"下拉按钮，打开图 2－20 所示的下拉列表，选择填充方式，即可在选定的区域填充相同的数据。

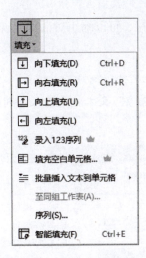

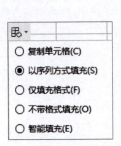

图 2 – 19　"自动填充选项"下拉列表　　　　图 2 – 20　"填充"下拉列表

（六）数据有效性的应用

WPS Office 中提供了数据的有效性检查功能，用于在表格数据输入过程中发现重复的身份证号码，超出范围的无效数据等，以提高输入数据的有效性。只需要对表格进行数据有效性规则设置，就可以减少甚至避免不必要的输入错误。

1．设置有效性条件

（1）选中要设置有效性条件的单元格或区域。

（2）单击"数据"选项卡"有效性"下拉列表中的"有效性"命令，打开图 2 – 21 所示的"数据有效性"对话框。

（3）在"允许"下拉列表框中指定允许输入的数据类型，如图 2 – 22 所示。

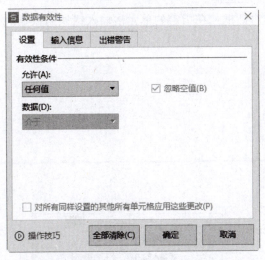

图 2 – 21　"数据有效性"对话框　　　　图 2 – 22　有效性条件列表

如果选择"序列"条件，对话框底部将显示"来源"文本框，用于输入或选择有效数据序列的引用，如图 2 – 23 所示。如果工作表中存在要引用的序列，单击"来源"文本框

右侧的  按钮，可以缩小对话框（见图2-24），以免对话框阻挡视线。单击 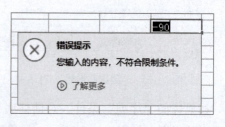 按钮可恢复对话框。

> **注意**
>
> 在"来源"文本框中输入序列时，各个序列项必须用英文逗号隔开。

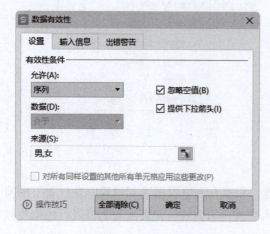

图2-23 输入序列

图2-24 缩小对话框

（4）如果允许的数据类型为整数、小数、日期、时间或文本长度，还应在"数据"下拉列表框中选择数据之间的操作符，并根据选定的操作符指定数据的上限或下限（某些操作符只有一个操作数，如等于），或同时指定二者，如图2-25所示。

（5）如果允许单元格中出现空值，或者在设置上下限时使用的单元格引用或公式引用基于初始值为空值的单元格，勾选"忽略空值"复选框。

（6）设置完成后，单击"确定"按钮关闭对话框。在指定的单元格输入错误的数据时，会弹出图2-26所示的错误提示。

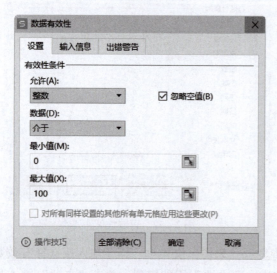

图2-25 设置数据范围

图2-26 错误提示

2. 设置有效性提示信息

在单元格中输入数据时，如果能显示数据有效性的提示信息，可以帮助用户输入正确的数据。

（1）选中要设置有效性条件的单元格或区域。

（2）单击"数据"选项卡"有效性"下拉列表中的"有效性"命令，打开"数据有效性"对话框。然后切换到"输入信息"选项卡。

（3）勾选"选定单元格时显示输入信息"复选框，在选中单元格时将显示提示信息。

（4）在"标题"文本框中输入文本，则将在信息中显示黑体的提示信息标题。

（5）在"输入信息"文本框中输入要显示的提示信息，如图 2-27 所示。

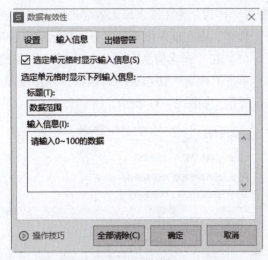

图 2-27　输入标题和信息

（6）单击"确定"按钮完成设置。选中指定的单元格时，会弹出图 2-28 所示的提示信息，提示用户输入正确的数据。

3. 定制出错警告

默认情况下，在设置了数据有效性的单元格中输入错误的数据时，弹出的错误提示只是告知用户输入的数据不符合限制条件，用户有可能并不知道具体的错误原因。WPS 允许用户定制出错警告内容，并控制用户响应。

（1）选中要定制出错警告的单元格或区域，然后在"数据有效性"对话框中切换到图 2-29 所示的"出错警告"选项卡。

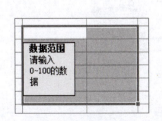

图 2-28　选中单元格时显示提示信息

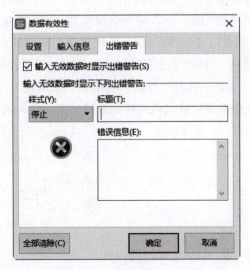

图 2-29　"出错警告"选项卡

（2）勾选"输入无效数据时显示出错警告"复选框。

（3）在"样式"下拉列表框中选择出错警告的信息类型。如选择"停止"样式，则在输入值无效时显示提示信息，且在错误被更正或取消之前禁止用户继续输入数据；如选择"警告"样式，则在输入值无效时询问用户是否确认输入有效并继续其他操作；如选择"信息"样式，则在输入值无效时显示提示信息，用户可保留已经输入的数据。

（5）在"错误信息"文本框中键入所需的文本，按 Enter 键可以换行，如图 2-30 所示。单击"确定"按钮关闭对话框。在指定单元格中输入无效数据时，将弹出指定类型的错误提示，如图 2-31 所示。

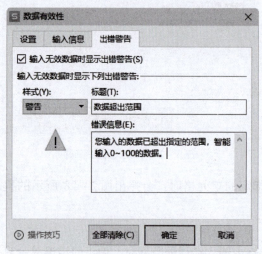

图 2-30　输入出错信息

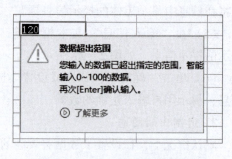

图 2-31　输入数据错误时警告

4. 快速标识无效数据

对于已经输入的大批量数据，如果在输入时未设置数据的有效性检查，现需要对其进行有效性审核，如果采用人工方法，要从浩瀚的数据中找到无效数据是件麻烦事，用户可以利用 WPS Office 的数据有效性检查功能，快速从表格中标识出无效数据。

（1）选中需进行有效性检查和标识的区域（注意：只能选择数据区域，不能选择标题区域），按照上述有效性检查的方法设置好数据验证规则。

（2）单击"数据"选项卡"有效性"下拉列表中"圈释无效数据"命令，表格中所有无效数据将被红色的椭圆圈释出来，错误数据一目了然，如图 2-32 所示。

图 2-32　圈释无效数据

5. 清除无效数据标识

对于以上无效数据的标识圈，如果不再需要时可以将其清除。

（1）选择需要清除无效数据标识的工作表。

（2）单击"数据"选项卡"有效性"下拉列表中的"清除验证标识圈"命令，即可将所有标识圈清除。

（七）认识条件格式

利用条件格式可以使满足指定条件的单元格自动应用指定的底纹、字体、颜色等格式，或使用数据条、色阶或图标突出显示满足条件的单元格，从而增强数据的可读性。

1. 设置条件格式

（1）选中要设置条件格式的单元格区域，通常是同一标题列的数据。

（2）单击"开始"选项卡中的"条件格式"下拉按钮 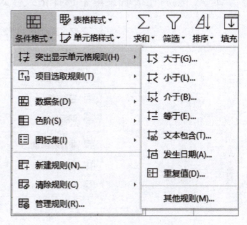，在打开的下拉列表中单击"突出显示单元格规则"命令或"项目选取规则"命令，然后在级联菜单中选择条件规则，如图2-33所示。

选择条件规则后，将打开对应的格式设置对话框，例如选择"介于"规则，打开图2-34所示的"介于"对话框。

图2-33　突出显示单元格规则

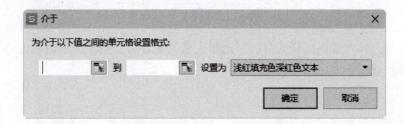

图2-34　"介于"对话框

设置要突出显示的数据范围之后，在"设置为"下拉列表框中设置符合条件的单元格显示格式，如图2-35所示。

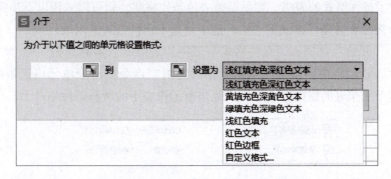

图2-35　设置符合条件的单元格显示格式

提　示

　　如果在条件格式的数值框中输入公式，要加前导符"="。

　　WPS 提供了一些预置的格式，单击即可应用。也可以单击"自定义格式"命令打开"单元格格式"对话框设置格式。

　　（3）在"条件格式"下拉列表中单击"数据条"命令或"色阶"命令，或者"图标集"命令，然后在级联菜单中选择格式样式，如图 2－36 所示。

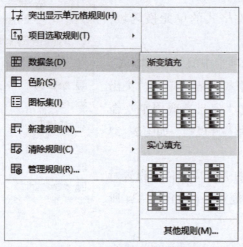

图 2－36　"数据条"级联菜单

　　选择一种填充样式或图标样式后，所选单元格区域即可根据单元格值的大小显示长短不一或颜色各异的数据条或图标。

注意

　　如果对同一列数据设定了多个条件，且不止一个条件为真，WPS 自动应用最后一个为真的条件。

　　2. 删除条件格式

　　对于设置了条件格式的表格，如果需要去掉条件格式，则可以采用以下步骤进行删除：

　　（1）打开需要删除条件格式的表格，选中设置了条件格式的区域。

　　（2）单击"开始"选项卡"条件格式"下拉列表中的"清除规则"命令，打开图 2－37 所示的级联菜单。单击"清除所选单元格的规则"命令，清除单元格区域的条件格式；单击"清除整个工作表的规则"命令，清除当前工作表中的所有条件格式。

图 2－37　"清除规则"级联菜单

3. 管理条件规则

利用"条件格式规则管理器"可以很方便地对当前工作簿中定义的所有条件格式进行编辑，还可以新建或删除条件格式。

（1）选中要修改的条件格式中的任一单元格，单击"开始"选项卡"条件格式"下拉列表中的"管理规则"命令，打开"条件格式规则管理器"对话框。

"条件格式规则管理器"对话框中默认仅显示当前所选的条件规则，在"显示其格式规则"下拉列表中可以选择"当前工作表"，或当前工作簿中的其他工作表，显示对应范围中的条件规则，如图2-38所示。

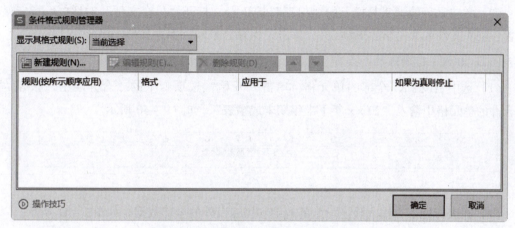

图2-38 显示当前工作表中的所有规则

（2）在"规则"区域选中要进行管理的规则，然后单击"编辑规则"按钮，在图2-39所示的"编辑规则"对话框中更改条件的运算符、数值、公式及格式。修改完毕后，单击"确定"按钮返回"条件格式规则管理器"对话框。

图2-39 "编辑规则"对话框

（3）单击"上移"按钮▲或"下移"按钮▼，可以修改条件格式的应用顺序。

（4）单击"删除规则"按钮，删除当前选中的条件格式。

（5）修改完成后，单击"确定"按钮关闭对话框。

任务实施

（一）新建并保存工作簿

（1）启动 WPS，单击"首页"上的"新建"按钮●，单击"新建表格"命令，进入创建表格界面，单击"新建空白表格"按钮，新建工作簿。

（2）单击访问快速工具栏上的"保存"按钮□，打开"另存文件"对话框，指定保存位置，输入文件名为"学生成绩表"，单击"保存"按钮，保存文件。

（二）输入工作表数据

（1）选中 A1 到 K1 全部的单元格，单击"开始"选项卡中的"合并居中"按钮，在合并的单元格中输入"20××年下半年期末成绩表"，如图 2－40 所示。

	A	B	C	D	E	F	G	H	I	J	K
1					20××年下半年期末成绩表						
2											

图 2－40　输入表标题

（2）在表标题下方输入除了学生的成绩和排名以外的全部数据，如图 2－41 所示。

	A	B	C	D	E	F	G	H	I	J	K
1					20××年下半年期末成绩表						
2	序号	学号	姓名	高数	大学英语	形势与政策	化学	体育	总分	平均分	排名
3	1	230101	王明								
4	2	230102	李丽								
5	3	230103	高英								
6	4	230104	张雪								
7	5	230105	马刚								
8	6	230106	张一恒								
9	7	230107	胡晓玲								
10	8	230108	郑春玲								
11	9	230109	马晓丽								
12	10	230110	郭金华								
13	11	230111	周光荣								
14	12	230112	李庆泰								
15	13	230113	杨丽娜								
16	14	230114	何晓燕								
17	15	230115	白晓生								

图 2－41　输入表数据

（3）选中 A2 到 K17 全部的单元格区域后，单击"开始"选项卡中的"水平居中"按钮，如图 2－42 所示。

（三）设置数据有效性

（1）选中 D3 到 H17 全部的单元格，单击"数据"选项卡"有效性"下拉列表中的"有效性"命令，打开"数据有效性"对话框，按照图 2－43 所示设置。

（2）在打开的"数据有效性"对话框中切换到"出错警告"选项卡，按照图 2－44 所示设置，单击"确定"按钮完成数据有效性设置。

图 2-42 居中表数据

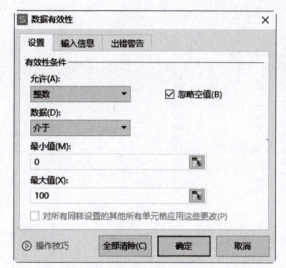

图 2-43 设置条件

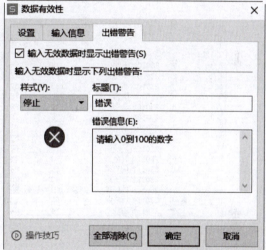

图 2-44 设置出错警告

（3）输入所有学生的单科成绩数据，结果如图 2-45 所示。

	A	B	C	D	E	F	G	H	I	J	K
1					20××年下半年期末成绩表						
2	序号	学号	姓名	高数	大学英语	形势与政策	化学	体育	总分	平均分	排名
3	1	230101	王明	68	85	77	83	88			
4	2	230102	李丽	78	72	68	76	86			
5	3	230103	高英	85	67	78	63	75			
6	4	230104	张雪	92	78	65	62	72			
7	5	230105	马刚	56	89	71	87	70			
8	6	230106	张一恒	75	75	86	76	68			
9	7	230107	胡晓玲	86	78	74	70	65			
10	8	230108	郑春玲	81	52	85	95	64			
11	9	230109	马晓丽	79	68	73	87	62			
12	10	230110	郭金华	72	74	69	65	77			
13	11	230111	周光荣	66	88	72	78	79			
14	12	230112	李庆泰	63	75	88	82	58			
15	13	230113	杨丽娜	95	99	55	86	78			
16	14	230114	何晓燕	53	73	76	64	90			
17	15	230115	白晓生	74	64	63	71	65			

图 2-45 输入单科成绩

（四）设置条件格式

（1）选中 D3 到 H17 全部的单元格，单击"开始"选项卡中的"条件格式"下拉按钮 ，在打开的下拉列表中单击"突出显示单元格规则"命令，然后在级联菜单中选择"大于"规则，打开"大于"对话框。

（2）按照图 2-46 设置"大于"对话框参数，结果如图 2-47 所示。

图 2-46 "大于"对话框

A	B	C	D	E	F	G	H	I	J	K
				20××年下半年期末成绩表						
序号	学号	姓名	高数	大学英语	形势与政策	化学	体育	总分	平均分	排名
1	230101	王明	68	85	77	83	88			
2	230102	李丽	78	72	68	76	86			
3	230103	高英	85	67	78	63	75			
4	230104	张雪	92	78	65	62	72			
5	230105	马刚	56	89	71	87	70			
6	230106	张一恒	75	75	86	76	68			
7	230107	胡晓玲	86	78	74	70	65			
8	230108	郑春玲	81	52	85	95	64			
9	230109	马晓丽	79	68	73	87	62			
10	230110	郭金华	72	74	69	65	77			
11	230111	周光荣	66	88	72	78	79			
12	230112	李庆泰	63	75	88	82	58			
13	230113	杨丽娜	95	99	55	86	78			
14	230114	何晓燕	53	73	76	64	90			
15	230115	白晓生	74	64	63	71	65			

图 2-47 设置条件格式结果

（五）调整行高与列宽

（1）选中表标题所在的单元格，单击"开始"选项卡中的"行和列"下拉按钮 ，在打开的下拉列表中单击"行高"命令，弹出"行高"对话框，输入行高为 20 磅，结果如图 2-48 所示。

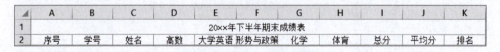

A	B	C	D	E	F	G	H	I	J	K
				20××年下半年期末成绩表						
序号	学号	姓名	高数	大学英语	形势与政策	化学	体育	总分	平均分	排名

图 2-48 设置表标题行高

（2）选中 D2 到 H17 全部的单元格，单击"开始"选项卡中的"行和列"下拉按钮 ，在打开的下拉列表中单击"最适合的列宽"命令，自动调整列宽，结果如图 2-49 所示。

（六）复制工作表

（1）在工作表"Sheet1"名称标签上双击，修改工作表名称为"成绩表"。

A	B	C	D	E	F	G	H	I	J	K
				20xx年下半年期末成绩表						
序号	学号	姓名	高数	大学英语	形势与政策	化学	体育	总分	平均分	排名
1	230101	王明	68	85	77	83	88			
2	230102	李丽	78	72	68	76	86			
3	230103	高英	85	67	78	63	75			
4	230104	张雪	92	78	65	62	72			
5	230105	马刚	56	89	71	87	70			
6	230106	张一恒	75	75	86	76	68			
7	230107	胡晓玲	86	78	74	70	65			
8	230108	郑春玲	81	52	85	95	64			
9	230109	马晓丽	79	68	73	87	62			
10	230110	郭金华	72	74	69	65	77			
11	230111	周光荣	66	88	72	78	79			
12	230112	李庆泰	63	75	88	82	58			
13	230113	杨丽娜	95	99	55	86	78			
14	230114	何晓燕	53	73	76	64	90			
15	230115	白晓生	74	64	63	71	65			

图 2–49　自动调整列宽

（2）在工作表名称标签上右击，在弹出的右键菜单中单击"移动或复制工作表"命令，打开"移动或复制工作表"对话框。在下列选定工作表的前一栏中选择"（移至最后）"选项，勾选"建立副本"复选框。单击"确定"按钮，结果如图 2–50 所示。

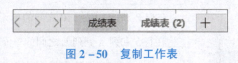

图 2–50　复制工作表

（3）单击访问快速工具栏上的"保存"按钮，保存文件。

任务 7　学生成绩的数据处理

任务描述

本任务将实现在 WPS 电子表格中对已有数据的表格进行数据处理。通过对本任务相关知识的学习和实践，要求学生掌握单元格地址与引用、各种公式与函数的使用、并完成学生成绩表的数据处理。效果如图 2–51 所示。

A	B	C	D	E	F	G	H	I	J	K	L
				20xx年下半年期末成绩表							
序号	学号	姓名	高数	大学英语	形势与政策	化学	体育	总分	平均分	排名	成绩等级
1	230101	王明	68	85	77	83	88	401	80.2	2	优秀
2	230102	李丽	78	72	68	76	86	380	76	4	良
3	230103	高英	85	67	78	63	75	368	73.6	11	良
4	230104	张雪	92	78	65	62	72	369	73.8	9	良
5	230105	马刚	56	89	71	87	70	373	74.6	7	良
6	230106	张一恒	75	75	86	76	68	380	76	4	良
7	230107	胡晓玲	86	78	74	70	65	373	74.6	7	良
8	230108	郑春玲	81	52	85	95	64	377	75.4	6	良
9	230109	马晓丽	79	68	73	87	62	369	73.8	9	良
10	230110	郭金华	72	74	69	65	77	357	71.4	13	良
11	230111	周光荣	66	88	72	78	79	383	76.6	3	良
12	230112	李庆泰	63	75	88	82	58	366	73.2	12	良
13	230113	杨丽娜	95	99	55	86	78	413	82.6	1	优秀
14	230114	何晓燕	53	73	76	64	90	356	71.2	14	良
15	230115	白晓生	74	64	63	71	65	337	67.4	15	及格
		最高分	95	99	88	95	90	413	82.6		
		最低分	53	52	55	62	58	337	67.4		
		总人数	15								
	总分超过400的人数		2								

图 2–51　学生成绩表

相关知识

（一）单元格地址与引用

本节所说的引用，是指使用单元格地址标识公式中使用的数据的位置。在公式可以引用同一工作表中的单元格、同一工作簿中不同工作表的单元格，甚至其他工作簿中的单元格。使用引用可简化工作表的修改和维护流程。

默认情况下，WPS 使用 A1 引用样式，使用字母标识列（从 A 到 IV，共 256 列）和数字标识行（从 1 到 65 536）标识单元格的位置，示例如表 2-2 所示。

表 2-2 A1 引用样式示例

引用区域	引用方式
列 E 和行 3 交叉处的单元格	E3
在列 E 和行 3 到行 10 之间的单元格区域	E3：E10
在行 5 和列 A 到列 E 之间的单元格区域	A5：E5
行 5 中的全部单元格	5：5
行 5 到行 10 之间的全部单元格	5：10
列 H 中的全部单元格	H：H
列 H 到列 J 之间的全部单元格	H：J
列 A 到列 E 和行 10 到行 20 之间的单元格区域	A10：E20

✏️ 提　示

WPS Office 还支持 R1C1 引用样式，同时统计工作表上行和列，这种引用样式对于计算位于宏内的行和列很有用。在 WPS 表格的"选项"对话框中切换到"常规与保存"选项界面，勾选"R1C1 引用样式"复选框，即可打开 R1C1 引用样式。

在 WPS 表格中，常用的单元格引用有三种类型，下面分别进行介绍。

1. 相对引用

相对引用是基于公式和单元格引用所在单元格的相对位置。

在公式中引用单元格时，可以直接输入单元格的地址，也可以单击该单元格。

例如，在计算第一个学生的总分时，可以直接在 I3 单元格中输入"= D3 + E3 + F3 + G3 + H3"，也可以在输入"="后，单击 D3 单元格，然后输入加号"+"，再单击 E3 单元格，等等，一直 + 到 H3 单元格，如图 2-52 所示。按 Enter 键得到计算结果。

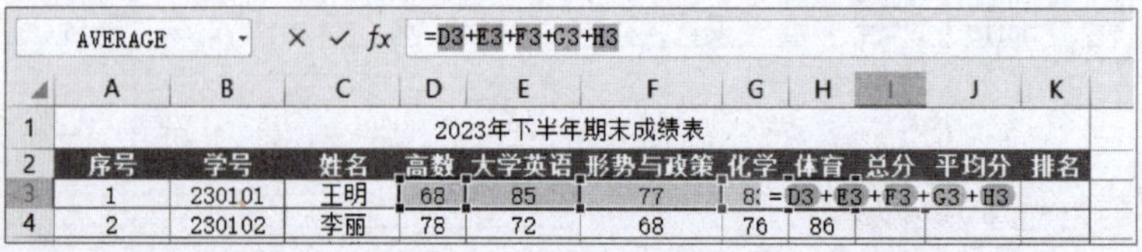

图 2-52 在公式中引用单元格

如果公式所在单元格的位置改变，引用也随之自动调整。例如，使用填充手柄将 I3 单元格中的公式"= D3 + E3 + F3 + G3 + H3"复制到 I4 和 I5 单元格，I4 和 I5 单元格中的公式将自动调整为"= D4 + E4 + F4 + G4 + H4"和"= D5 + E5 + F5 + G5 + H5"，如图 2 – 53 所示。

	A	B	C	D	E	F	G	H	I
1					2023年下半年期末成绩表				
2	序号	学号	姓名	高数	大学英语	形势与政策	化学	体育	总分
3	1	230101	王明	68	85	77	83	88	=D3+E3+F3+G3+H3
4	2	230102	李丽	78	72	68	76	86	=D4+E4+F4+G4+H4
5	3	230103	高英	85	67	78	63	75	=D5+E5+F5+G5+H5
6	4	230104	张雪	92	78	65	62	72	

图 2 – 53 复制相对引用的效果

✏ 提 示

默认情况下，单元格中显示的是计算结果，如果要查看单元格中输入的公式，可以双击单元格，或者选中单元格后在编辑栏中查看。

如果要查看的公式较多，可以在英文输入状态下，按下 Ctrl + 键，显示当前工作表中输入的所有公式。再次按下 Ctrl + 键，隐藏公式，显示所有单元格中公式计算的结果。

单击"公式"选项卡中的"显示公式"按钮 🔎 显示公式，也可以显示或隐藏单元格中的所有公式。

如果移动 F2：F4 单元格区域的公式，单元格中的公式不会变化。

2. 绝对引用

绝对引用顾名思义，引用的地址是绝对的，不会随着公式位置的改变而改变。绝对引用在单元格地址的行、列引用前显示有绝对地址符"$"。

例如，将 I3 单元格中的公式"= SUM($D$3：$H$3)"复制到 I4：I5，可以看到 I4：I5 单元格中的公式也是"= SUM($D$3：$H$3)"，如图 2 – 54 所示。也就是说，复制绝对引用的公式后，公式中引用的仍然是原单元格数据。

	A	B	C	D	E	F	G	H	I	J	K
1					2023年下半年期末成绩表						
2	序号	学号	姓名	高数	大学英语	形势与政策	化学	体育	总分	平均分	排名
3	1	230101	王明	68	85	77	83	88	=SUM($D$3：$H$3)		
4	2	230102	李丽	78	72	68	76	86	=SUM($D$3：$H$3)		
5	3	230103	高英	85	67	78	63	75	=SUM($D$3：$H$3)		

图 2 – 54 复制包含绝对引用的公式

如果移动包含绝对引用的公式，单元格中的公式不会变化。

3. 混合引用

混合引用与绝对引用类似，不同的是单元格引用中有一项为绝对引用，另一项为相对引用，因此，可分为绝对引用行（采用 A $1、B $1 等形式）和绝对引用列（采用 $A1、$B1 等形式）。

如果复制混合引用，相对引用自动调整，而绝对引用不变。例如，如果将一个混合引用"＝B\$3"从 E3 复制到 F3，它将自动调整为"＝C\$3"；如果复制到 F4 单元格，也自动调整为"＝C\$3"，因为列为相对引用，行为绝对引用。

如果移动混合引用，公式不会变化。

（二）认识公式与函数

WPS Office 中的函数是一些预定义的公式，是对计算过程中一些较为复杂的公式的封装，函数使用一些被称为参数的特定变量按特定的顺序或结构进行计算。函数能够简化公式的输入，方便数据的计算。利用系统函数可以进行常规的数据统计、财务计算、日期与时间的计算以及三角函数的计算等。

1. 常用函数

1）SUM 函数

函数名称：SUM

主要功能：计算所有参数数值的和。

使用格式：SUM(Number1 , Number2 , ⋯)

参数说明：Number1 , Number2 , ⋯表示需要计算的值或单元格（区域）。

应用举例：在 B8 单元格中输入公式"＝SUM(D3 : H3)"，确认后，即可求出 D3 至 H3 区域的总和。

2）AVERAGE 函数

函数名称：AVERAGE

主要功能：求出所有参数的算术平均值。

使用格式：AVERAGE(number1 , number2 , ⋯)

参数说明：number1 , number2 , ⋯表示需要求平均值的数值或引用单元格（区域），参数不超过 30 个。

应用举例：在 B8 单元格中输入公式"＝AVERAGE(B7 : D7 , F7 : H7 , 7 , 8)"，确认后，即可求出 B7 至 D7 区域、F7 至 H7 区域中的数值和 7、8 的平均值。

特别提醒：如果引用区域中包含"0"值单元格，则计算在内；如果引用区域中包含空白或字符单元格，则不计算在内。

3）MAX 函数

函数名称：MAX

主要功能：求出一组数中的最大值。

使用格式：MAX(number1 , number2 , ⋯)

参数说明：number1 , number2 , ⋯表示需要求最大值的数值或引用单元格（区域），参数不超过 30 个。

应用举例：输入公式"＝MAX(E44 : J44 , 7 , 8 , 9 , 10)"，确认后即可显示出 E44 至 J44 单元格区域和数值 7，8，9，10 中的最大值。

特别提醒：如果参数中有文本或逻辑值，则忽略。

4）MIN 函数

函数名称：MIN

主要功能：求出一组数中的最小值。

使用格式：MIN(number1,number2,…)

参数说明：number1,number2…表示需要求最小值的数值或引用单元格（区域），参数不超过 30 个。

应用举例：输入公式"= MIN(E44:J44,7,8,9,10)"，确认后即可显示出 E44 至 J44 单元格区域和数值 7，8，9，10 中的最小值。

特别提醒：如果参数中有文本或逻辑值，则忽略。

5）IF 函数

函数名称：IF

主要功能：根据对指定条件的逻辑判断的真假结果，返回相对应的内容。

使用格式：= IF(Logical,Value_if_true,Value_if_false)

参数说明：Logical 表示逻辑判断表达式；Value_if_true 表示当判断条件为逻辑"真（TRUE）"时的显示内容，如果忽略则返回"TRUE"；Value_if_false 表示当判断条件为逻辑"假（FALSE）"时的显示内容，如果忽略则返回"FALSE"。

应用举例：在 C29 单元格中输入公式"= IF(C26 > = 18,"符合要求","不符合要求")"，确认后，如果 C26 单元格中的数值大于或等于 18，则 C29 单元格显示"符合要求"字样，反之，则显示"不符合要求"字样。

特别提醒：本文中类似"在 C29 单元格中输入公式"中指定的单元格，读者在使用时，并不需要受其约束，此处只是配合本文所附的实例需要而给出的相应单元格。

6）COUNT 函数

函数名称：COUNT

主要功能：统计所有参数中包含的数值的单元格个数。

使用格式：COUNT(number1,number2,…)

参数说明：number1,number2,…表示需要统计的数值或引用单元格（区域），参数不超过 30 个。

应用举例：在 B8 单元格中输入公式"= COUNT(B2:D8)"，确认后，即可求出 B2 至 D8 区域中所有数值型数据的个数。

特别提醒：如果引用区域中包含空白或字符单元格，则不统计在内。

7）COUNTIF 函数

函数名称：COUNTIF

主要功能：统计某个单元格区域中符合指定条件的单元格数目。

使用格式：COUNTIF(Range,Criteria)

参数说明：Range 表示要统计的单元格区域；Criteria 表示指定的条件表达式。

应用举例：在 C15 单元格中输入公式"= COUNTIF(C1:C12," > =90")"，确认后，即可统计出 C1 至 C12 单元格区域中，数值大于或等于 90 的单元格数目。

特别提醒：允许引用的单元格区域中有空白单元格出现。

8）RANK 函数

函数名称：RANK

主要功能：返回某一数值在一列数值中相对于其他数值的排位。

使用格式：RANK（Number,ref,order）

参数说明：Number 表示需要排序的数值；ref 表示排序数值所处的单元格区域；order 表示排序方式参数（如果为"0"或者忽略，则按降序排名，即数值越大，排名结果数值越小；如果为非"0"值，则按升序排名，即数值越大，排名结果数值越大）。

应用举例：如在 C2 单元格中输入公式"= RANK（B2,＄B＄2:＄B＄31,0）"，确认后，即可得出 B2 至 B31 单元格区域中，B2 单元格数据在所有数据中的排名结果。

特别提醒：在上述公式中，我们让 Number 参数采取了相对引用形式，而让 ref 参数采取了绝对引用形式（增加了一个"＄"符号），这样设置后，选中 C2 单元格，将鼠标移至该单元格右下角，成细十字线状时（通常称之为"填充柄"），按住左键向下拖拉，即可将上述公式快速复制到 C 列下面的单元格中，完成其他行 B2 单元格数据在所有数据中的排名统计。

2. 使用函数

（1）选中要输入函数的单元格。

（2）在编辑栏中单击"插入函数"按钮 fx ，打开图 2 – 55 所示的"插入函数"对话框。

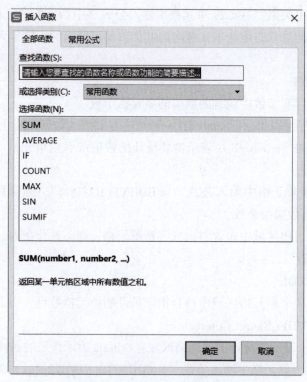

图 2 – 55 "插入函数"对话框

（3）在"或选择类别"下拉列表框中选择需要的函数类别，然后在"选择函数"列表框中选择需要的函数，在对话框底部可以查看对应函数的语法和说明。

✎ 提　示

如果对需要使用的函数不太了解或者不会使用，可以在"插入函数"对话框顶部的"查找函数"文本框中输入一条自然语言，例如"排名"，在"选择函数"列表框中可能看到相关的函数列表，例如 RANK、RANK. AVG、RANK. EQ。

（4）单击"确定"按钮，打开图 2 - 56 所示的"函数参数"对话框。输入参数的单元格名称或单元格区域，或者单击参数文本框右侧的 ▦ 按钮，在工作表中选择参数所在的数据区域。

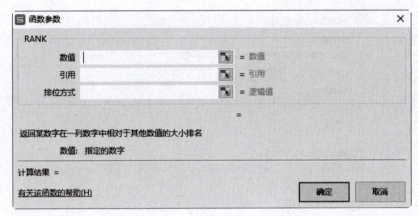

图 2 - 56　"函数参数"对话框

（5）参数设置完成后，单击"确定"按钮，即可输入函数，并得到计算结果。

任务实施

（一）使用 SUM 函数计算学生成绩

（1）启动 WPS，单击"首页"上的"打开"按钮 ▦，打开"打开文件"对话框，找到"学生成绩表"文件，单击"打开"按钮，打开"学生成绩表"文件，如图 2 - 1 所示。

（2）单击 I3 单元格，在单元格中输入"= SUM("，然后用鼠标选取 D3：H3 单元格，然后输入"）"，如图 2 - 57 所示，表示计算 D3：H3 单元格区域的总和。按 Enter 键，或单击编辑栏中的"输入"按钮 ✓，即可得到王明的总分，如图 2 - 58 所示。

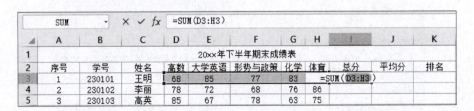

图 2 - 57　输入求和公式

	A	B	C	D	E	F	G	H	I	J	K
1				20××年下半年期末成绩表							
2	序号	学号	姓名	高数	大学英语	形势与政策	化学	体育	总分	平均分	排名
3	1	230101	王明	68	85	77	83	88	401		
4	2	230102	李丽	78	72	68	76	86			
5	3	230103	高英	85	67	78	63	75			

图 2 – 58　计算王明总分

（3）单击 I4 单元格，在编辑栏中单击"插入函数"按钮 *fx*，打开"插入函数"对话框，在"选择函数"列表框中选择"SUM"函数，如图 2 – 59 所示，单击"确定"按钮，打开"函数参数"对话框，单击数值 1 右侧的 █，选取 D4：H4 单元格，如图 2 – 60 所示，单击"确定"按钮，即可得到李丽的总分，如图 2 – 61 所示。

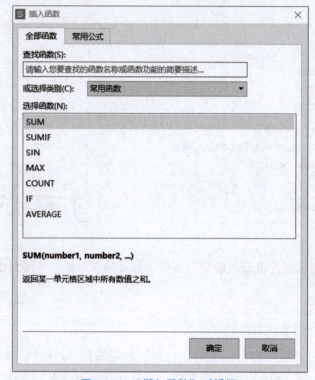

图 2 – 59　"插入函数"对话框

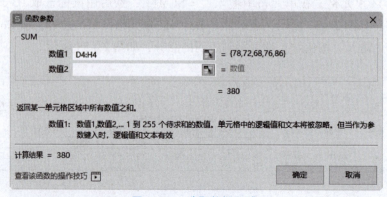

图 2 – 60　选取数据区域

	A	B	C	D	E	F	G	H	I	J	K
1	20××年下半年期末成绩表										
2	序号	学号	姓名	高数	大学英语	形势与政策	化学	体育	总分	平均分	排名
3	1	230101	王明	68	85	77	83	88	401		
4	2	230102	李丽	78	72	68	76	86	380		
5	3	230103	高英	85	67	78	63	75			

图 2-61 计算李丽的总分

（4）选中 I4 单元格，将鼠标指针移到单元格右下角，指标显示为黑色十字形 **+**。按下左键拖动 I17 单元格，释放左键，即可在选择区域的所有单元格中复制 I3 单元格中的公式计算数据得到所有学生的总分，如图 2-62 所示。

	A	B	C	D	E	F	G	H	I	J	K
1	20××年下半年期末成绩表										
2	序号	学号	姓名	高数	大学英语	形势与政策	化学	体育	总分	平均分	排名
3	1	230101	王明	68	85	77	83	88	401		
4	2	230102	李丽	78	72	68	76	86	380		
5	3	230103	高英	85	67	78	63	75	368		
6	4	230104	张雪	92	78	65	62	72	369		
7	5	230105	马刚	56	89	71	87	70	373		
8	6	230106	张一恒	75	75	86	76	68	380		
9	7	230107	胡晓玲	86	78	74	70	65	373		
10	8	230108	郑春玲	81	52	85	95	64	377		
11	9	230109	马晓丽	79	68	73	87	62	369		
12	10	230110	郭金华	72	74	69	65	77	357		
13	11	230111	周光荣	66	88	72	78	79	383		
14	12	230112	李庆泰	63	75	88	82	58	366		
15	13	230113	杨丽娜	95	99	55	86	78	413		
16	14	230114	何晓燕	53	73	76	64	90	356		
17	15	230115	白晓生	74	64	63	71	65	337		
18											
19											

图 2-62 计算所有学生的总分

（二）使用 AVERAGE 函数计算平均分

（1）单击 J3 单元格，在单元格中输入公式" = AVERAGE（D3：H3）"，如图 2-63 所示，表示计算 D3：H3 单元格区域的平均分。按 Enter 键，或单击编辑栏中的"输入"按钮，即可得到王明的平均分，也可以输入公式" = I3/5"求平均分。

SUM	▼	× ✓ fx	=AVERAGE(D3:H3)								
	A	B	C	D	E	F	G	H	I	J	K
1	20××年下半年期末成绩表										
2	序号	学号	姓名	高数	大学英语	形势与政策	化学	体育	总分	平均分	排名
3	1	230101	王明	68	85	77	83	88		=AVERAGE(D3:H3)	
4	2	230102	李丽	78	72	68	76	86	380		
5	3	230103	高英	85	67	78	63	75	368		

图 2-63 输入求平均分公式

（2）选中 J3 单元格，将鼠标指针移到单元格右下角，指标显示为黑色十字形 **+**。按下左键拖动 J17 单元格，释放左键，即可在选择区域的所有单元格中复制 J3 单元格中的公式计算数据得到所有学生的平均分，如图 2-64 所示。

图2-64　计算所有学生的平均分

（三）使用 MAX 与 MIN 函数查看分数极值

（1）在 C20 单元格中输入"最高分"，单击 D20 单元格，在单元格中输入公式"＝MAX（D3：D17）"，如图2-65所示，表示计算 D3：D17 单元格区域的最高分。按 Enter 键，或单击编辑栏中的"输入"按钮 ✓，即可得到高数的最高分。

图2-65　输入求最高分公式

（2）选中 D20 单元格，将鼠标指针移到单元格右下角，指标显示为黑色十字形 ＋。按下左键拖动到 J20 单元格，释放左键，即可在选择区域的所有单元格中复制 D20 单元格中的公式计算数据得到各个学科、总分和平均分的最高分，如图2-66所示。

（3）重复步骤（1）和（2），在 C21 单元格中输入"最低分"，并在 D20 单元格中输入公式"＝MIN（D3：D17）"，计算出各个学科、总分和平均分的最低分，结果如图2-67所示。

◢	A	B	C	D	E	F	G	H	I	J	K
1						20××年下半年期末成绩表					
2	序号	学号	姓名	高数	大学英语	形势与政策	化学	体育	总分	平均分	排名
3	1	230101	王明	68	85	77	83	88	401	80.2	
4	2	230102	李丽	78	72	68	76	86	380	76	
5	3	230103	高英	85	67	78	63	75	368	73.6	
6	4	230104	张雪	92	78	65	62	72	369	73.8	
7	5	230105	马刚	56	89	71	87	70	373	74.6	
8	6	230106	张一恒	75	75	86	76	68	380	76	
9	7	230107	胡晓玲	86	78	74	70	65	373	74.6	
10	8	230108	郑春玲	81	52	85	95	64	377	75.4	
11	9	230109	马晓丽	79	68	73	87	62	369	73.8	
12	10	230110	郭金华	72	74	69	65	77	357	71.4	
13	11	230111	周光荣	66	88	72	78	79	383	76.6	
14	12	230112	李庆泰	63	75	88	82	58	366	73.2	
15	13	230113	杨丽娜	95	99	55	86	78	413	82.6	
16	14	230114	何晓燕	53	73	76	64	90	356	71.2	
17	15	230115	白晓生	74	64	63	71	65	337	67.4	
18											
19											
20			最高分	95	99	88	95	90	413	82.6	
21											🖳▾
22											

图 2-66　计算各个学科、总分和平均分的最高分

◢	A	B	C	D	E	F	G	H	I	J	K
1						20××年下半年期末成绩表					
2	序号	学号	姓名	高数	大学英语	形势与政策	化学	体育	总分	平均分	排名
3	1	230101	王明	68	85	77	83	88	401	80.2	
4	2	230102	李丽	78	72	68	76	86	380	76	
5	3	230103	高英	85	67	78	63	75	368	73.6	
6	4	230104	张雪	92	78	65	62	72	369	73.8	
7	5	230105	马刚	56	89	71	87	70	373	74.6	
8	6	230106	张一恒	75	75	86	76	68	380	76	
9	7	230107	胡晓玲	86	78	74	70	65	373	74.6	
10	8	230108	郑春玲	81	52	85	95	64	377	75.4	
11	9	230109	马晓丽	79	68	73	87	62	369	73.8	
12	10	230110	郭金华	72	74	69	65	77	357	71.4	
13	11	230111	周光荣	66	88	72	78	79	383	76.6	
14	12	230112	李庆泰	63	75	88	82	58	366	73.2	
15	13	230113	杨丽娜	95	99	55	86	78	413	82.6	
16	14	230114	何晓燕	53	73	76	64	90	356	71.2	
17	15	230115	白晓生	74	64	63	71	65	337	67.4	
18											
19											
20			最高分	95	99	88	95	90	413	82.6	
21			最低分	53	52	55	62	58	337	67.4	
22											🖳▾
23											

图 2-67　计算各个学科、总分和平均分的最低分

（四）使用 IFS 函数设置成绩优良

（1）在 L2 单元格中输入"成绩等级"，然后选取 L2：L17 单元格区域，使该区域与表格格式统一。单击 L3 单元格，在单元格中输入公式" = IF(J3 > = 80,"优秀",IF(J3 > = 70,"良",IF(J3 > = 60,"及格","不及格")))"，如图 2-68 所示，按 Enter 键，或单击编辑栏中的"输入"按钮✔，即可得到王明同学的成绩等级。

（2）选中 L3 单元格，将鼠标指针移到单元格右下角，指标显示为黑色十字形+。按下左键拖动到 J20 单元格，释放左键，即可在选择区域的所有单元格中复制 L3 单元格中的公式计算数据得到每个学生的成绩等级，如图 2-69 所示。

| | | | fx | =if（J3）>=80,"优秀",IF（J3）>=70,"良",IF（J3）>=60,"及格","不及格"))) |

SUM ▾ × ✓

	A	B	C	D	E	F	G	H	I	J	K	L
1					20××年下半年期末成绩表							
2	序号	学号	姓名	高数	大学英语	形势与政策	化学	体育	总分	平均分	排名	成绩等级
3	1	230101	王明	68	85	77	83	88	401	80.2		=if（J3
4	2	230102	李丽	78	72	68	76	86	380	76		）>=80,"优
5	3	230103	高英	85	67	78	63	75	368	73.6		秀",IF（
6	4	230104	张雪	92	78	65	62	72	369	73.8		J3）>=70,"
7	5	230105	马刚	56	89	71	87	70	373	74.6		良",IF（
8	6	230106	张一恒	75	75	86	76	68	380	76		J3）>=60,"
9	7	230107	胡晓玲	86	78	74	70	65	373	74.6		及格","
10	8	230108	郑春玲	81	52	85	95	64	377	75.4		不及格
11	9	230109	马晓丽	79	68	73	87	62	369	73.8		")))
12	10	230110	郭金华	72	74	69	65	77	357	71.4		
13	11	230111	周光荣	66	88	72	78	79	383	76.6		
14	12	230112	李庆泰	63	75	88	82	58	366	73.2		
15	13	230113	杨丽娜	95	99	55	86	78	413	82.6		
16	14	230114	何晓燕	53	73	76	64	90	356	71.2		
17	15	230115	白晓生	74	64	63	71	65	337	67.4		
18												
19												
20			最高分	95	99		88	95	90	413	82.6		
21			最低分	53	52		55	62	58	337	67.4		

图 2-68　输入评成绩等级公式

	A	B	C	D	E	F	G	H	I	J	K	L	M
1					20××年下半年期末成绩表								
2	序号	学号	姓名	高数	大学英语	形势与政策	化学	体育	总分	平均分	排名	成绩等级	
3	1	230101	王明	68	85	77	83	88	401	80.2		优秀	
4	2	230102	李丽	78	72	68	76	86	380	76		良	
5	3	230103	高英	85	67	78	63	75	368	73.6		良	
6	4	230104	张雪	92	78	65	62	72	369	73.8		良	
7	5	230105	马刚	56	89	71	87	70	373	74.6		良	
8	6	230106	张一恒	75	75	86	76	68	380	76		良	
9	7	230107	胡晓玲	86	78	74	70	65	373	74.6		良	
10	8	230108	郑春玲	81	52	85	95	64	377	75.4		良	
11	9	230109	马晓丽	79	68	73	87	62	369	73.8		良	
12	10	230110	郭金华	72	74	69	65	77	357	71.4		良	
13	11	230111	周光荣	66	88	72	78	79	383	76.6		良	
14	12	230112	李庆泰	63	75	88	82	58	366	73.2		良	
15	13	230113	杨丽娜	95	99	55	86	78	413	82.6		优秀	
16	14	230114	何晓燕	53	73	76	64	90	356	71.2		良	
17	15	230115	白晓生	74	64	63	71	65	337	67.4		及格	
18												昂▾	
19													
20			最高分	95	99		88	95	90	413	82.6		
21			最低分	53	52		55	62	58	337	67.4		

图 2-69　输入评成绩等级公式

（五）使用 RANK 函数统计成绩排名

（1）单击 K3 单元格，在单元格中输入公式"=RANK（I3,$I$3:$I$17,0）"，如图 2-70 所示，表示计算 I3 在 D3:H3 单元格区域的排名。按 Enter 键，或单击编辑栏中的"输入"按钮✓，即可得到王明的排名。

（2）选中 K3 单元格，将鼠标指针移到单元格右下角，指标显示为黑色十字形＋。按下左键拖动 K17 单元格，释放左键，即可在选择区域的所有单元格中复制 K3 单元格中的公式计算数据得到所有学生的排名，如图 2-71 所示。

| SUM | × ✓ fx | =RANK(I3, $I$3:$I$17, 0) |

	A	B	C	D	E	F	G	H	I	J	K	L
1						20xx年下半年期末成绩表						
2	序号	学号	姓名	高数	大学英语	形势与政策	化学	体育	总分	平均分	排名	成绩等级
3	1	230101	王明	68	85	77	83	88	401	=RANK(I3, $I$3:$I$17, 0)		
4	2	230102	李丽	78	72	68	76	86	380	76		良
5	3	230103	高英	85	67	78	63	75	368	73.6		良
6	4	230104	张雪	92	78	65	62	72	369	73.8		良
7	5	230105	马刚	56	89	71	87	70	373	74.6		良
8	6	230106	张一恒	75	75	86	76	68	380	76		良
9	7	230107	胡晓玲	86	78	74	70	65	373	74.6		良
10	8	230108	郑春玲	81	52	85	95	64	377	75.4		良
11	9	230109	马晓丽	79	68	73	87	62	369	73.8		良
12	10	230110	郭金华	72	74	69	65	77	357	71.4		良
13	11	230111	周光荣	66	88	72	78	79	383	76.6		良
14	12	230112	李庆泰	63	75	88	82	58	366	73.2		良
15	13	230113	杨丽娜	95	99	55	86	78	413	82.6		优秀
16	14	230114	何晓燕	53	73	76	64	90	356	71.2		良
17	15	230115	白晓生	74	64	63	71	65	337	67.4		及格

图 2-70　引用排名函数

	A	B	C	D	E	F	G	H	I	J	K	L
1						20xx年下半年期末成绩表						
2	序号	学号	姓名	高数	大学英语	形势与政策	化学	体育	总分	平均分	排名	成绩等级
3	1	230101	王明	68	85	77	83	88	401	80.2	2	优秀
4	2	230102	李丽	78	72	68	76	86	380	76	4	良
5	3	230103	高英	85	67	78	63	75	368	73.6	11	良
6	4	230104	张雪	92	78	65	62	72	369	73.8	9	良
7	5	230105	马刚	56	89	71	87	70	373	74.6	7	良
8	6	230106	张一恒	75	75	86	76	68	380	76	4	良
9	7	230107	胡晓玲	86	78	74	70	65	373	74.6	7	良
10	8	230108	郑春玲	81	52	85	95	64	377	75.4	6	良
11	9	230109	马晓丽	79	68	73	87	62	369	73.8	9	良
12	10	230110	郭金华	72	74	69	65	77	357	71.4	13	良
13	11	230111	周光荣	66	88	72	78	79	383	76.6	3	良
14	12	230112	李庆泰	63	75	88	82	58	366	73.2	12	良
15	13	230113	杨丽娜	95	99	55	86	78	413	82.6	1	优秀
16	14	230114	何晓燕	53	73	76	64	90	356	71.2	14	良
17	15	230115	白晓生	74	64	63	71	65	337	67.4	15	及格

图 2-71　计算所有学生的平均分

（六）使用 COUNTIF 函数统计成绩人数

（1）在 C22 单元格中输入"总人数"，单击 D22 单元格，在单元格中输入公式" =COUNT(B3:B17)"，表示计算 B3：B17 单元格区域的总数。按 Enter 键，或单击编辑栏中的"输入"按钮✓，即可得到总人数，如图 2-72 所示。

最高分	95	99	88	95	90	413	82.6
最低分	53	52	55	62	58	337	67.4
总人数	15						

图 2-72　计算总人数

（2）选取 B23 和 C23 单元格，单击"开始"选项卡中的"合并居中"按钮🔳，合并单元格，然后在合并后的单元格中输入"总分超过 400 的人数"，单击 D23 单元格，在单元格中输入公式"COUNTIF(I3:I17," > =400")"，表示计算 I3：I17 单元格区域的总分超过 400 的人数。按 Enter 键，或单击编辑栏中的"输入"按钮✓，即可得到总分超过 400 的人数，如图 2-73 所示。最终结果如图 2-51 所示。

最高分	95	99	88	95	90	413	82.6
最低分	53	52	55	62	58	337	67.4
总人数	15						
总分超过400的人数	2						

图 2-73　计算总分超过 400 的人数

（3）单击快速访问工具栏上的"保存"按钮▣，保存文档。

任务8　统计与分析成绩报表数据

任务描述

本任务将实现在 WPS 电子表格中对已有数据的表格进行统计与分析。通过对本任务相关知识的学习和实践，要求学生掌握数据排序与筛选、数据分类汇总、图表的使用、数据透视表与数据透视图的创建与编辑，并完成学生成绩的数据处理。效果如图 2-74 所示。

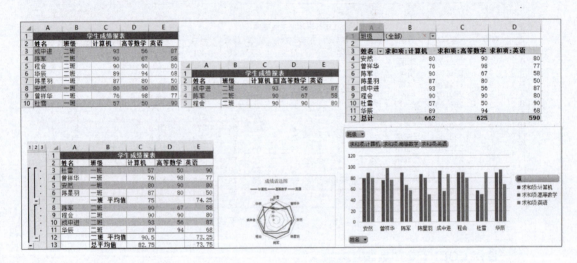

图 2-74　统计分析成绩报表

相关知识

（一）数据排序与筛选

1. 数据排序

在现实生活和工作中，排序对于数据分析与应用非常重要。我们经常要将数据按从小到大或者按从大到小进行排序。例如：班上学生成绩排名，每日股票的涨跌排名，等等。

WPS 表格默认根据单元格中的数据值进行排序，在按升序排序时，遵循以下规则：

（1）文本以及包含数字的文本按 0~9、a~z、A~Z 的顺序排序。如果两个文本字符串除了连字符不同，其余都相同，则带连字符的文本排在后面。

（2）按字母先后顺序对文本进行排序时，从左到右逐个字符进行排序。

（3）在逻辑值中，False 排在 True 前面。

（4）所有错误值的优先级相同。

（5）空格始终排在最后。

✏️ **提　示**

在 WPS 表格中排序时可以指定是否区分大、小写。在对汉字排序时，既可以根据汉语拼音的字母顺序进行排序，也可以根据汉字的笔画排序进行排序。

在按降序排序时，除了空白单元格总是在最后以外，其他的排列次序反转。

1）按关键字排序

所谓按关键字排序，是指按数据表中的某一列的字段值进行排序，是排序中最常用的一种排序方法。

（1）单击待排序数据列中的任意一个单元格。

（2）单击"数据"选项卡中"排序"下拉列表中的"升序"命令 ⬆️ 或"降序"命令 ⬇️，即可根据关键字按指定的顺序对工作表中的数据行重新进行排列。

按单个关键字进行排序时，经常会遇到两个或多个关键字相同的情况。如果在排序后的数据表中单击第二个关键字所在列的任意一个单元格，重复步骤（2），数据表将按指定的第二个关键字重新进行排序，而不是在原有基础上进一步排序。

针对多关键字排序，WPS 提供了"排序"对话框，不仅可以按多行或多列排序，还可以依据拼音、笔画、颜色或条件格式图标排序。

（3）选中数据表中的任一单元格，单击"数据"选项卡中"排序"下拉列表中的"自定义排序"命令 ⬆️，打开"排序"对话框。

（4）设置主要关键字、排序依据和排序方式，如图 2–75 所示。

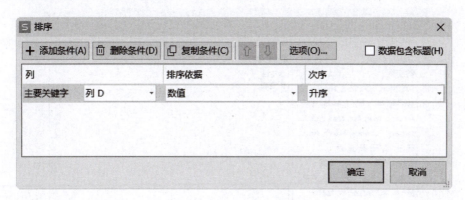

图 2–75　"排序"对话框

（5）单击"添加条件"按钮，添加一行次要关键字条件，用于设置次要关键字、排序依据和排序方式，如图 2–76 所示。

（6）单击"下移"按钮 ⬇️ 或"上移"按钮 ⬆️，调整主要关键字和次要关键字的次序。

（7）如果需要添加多个次要关键字，重复步骤（3），设置关键字、排序依据和排序方式。

（8）如果要利用同一关键字按不同的依据排序，可以选中已定义的条件，然后单击"复制条件"按钮，并修改条件。

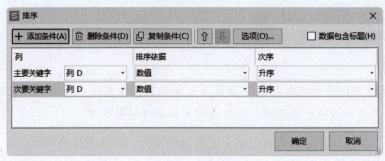

图 2-76　添加条件

(9) 如果要删除某个排序条件，选中该条件后单击"删除条件"按钮。

(10) 设置完成后，单击"确定"按钮关闭对话框，即可完成排序操作。

2) 自定义条件排序

(1) 在实际应用中，有时需要将工作表数据按某种特定的顺序排列。

(2) 在"排序"对话框的"主要关键字"列表中选择排序的关键字，"排序依据"选择"单元格值"，然后在"次序"下拉列表中选择"自定义序列"，打开的"自定义序列"对话框。

> **注意**
>
> 自定义排序只能作用于"主要关键字"下拉列表框中指定的数据列。

(3) 在"自定义序列"列表框中选择"新序列"，在"输入序列"文本框中输入序列项，序列项之间用 Enter 键分隔，如图 2-77 所示。

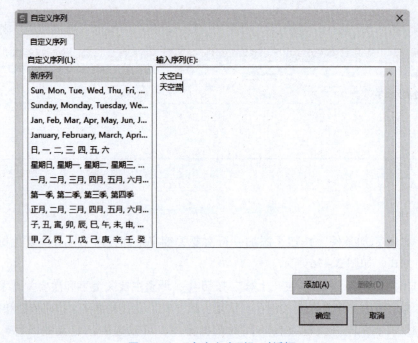

图 2-77　"自定义序列"对话框

（4）序列输入完成后单击"添加"按钮，将输入的序列添加到"自定义序列"列表框中，且新序列自动处于选中状态。然后单击"确定"按钮返回"排序"对话框，可以看到排列次序指定为创建的序列。

（5）单击"确定"按钮，即可按指定序列排序。

2. 数据筛选

在 WPS 中，一张工作表共有 1048576 行，16384 列，17179869184 个单元格。如果数据表很大，包括成千上万甚至更大的行或列的单元格数据，想要查找某个数据可以说是大海捞针。但是 WPS 为用户提供了两种筛选数据的方法：一种是自动筛选，另一种是高级筛选，使用户在很短的操作时间内就可以查询出满足条件的记录信息。

1）自动筛选

自动筛选是对单个字段所建立的筛选，或多个字段之间通过"逻辑与"的关系来建立的筛选。执行自动筛选功能时，所选数据区域的顶行各列（不一定是列标题）单元格数据旁边均出现一个下拉图标 ，用户以选定区域内所属列的信息为自定义条件建立筛选，然后在当前数据表位置上只显示出符合筛选条件的记录。

（1）选中要筛选数据的单元格区域。

如果数据表的首行为标题行，可以单击数据表中的任意一个单元格。

（2）单击"数据"选项卡中的"筛选"按钮 ，数据表的所有列标志右侧会显示一个下拉按钮 。

（3）单击筛选条件对应的列标题右侧的下拉按钮 ，在打开的下拉列表中选择要筛选的内容，如图 2-78 所示，取消勾选"全选"复选框可取消筛选。

如果当前筛选的数据列中为单元格设置了多种颜色，可以切换到"颜色筛选"选项卡按单元格颜色进行筛选。

（4）单击自动筛选下拉列表顶部的"升序""降序"或"颜色排序"按钮，对筛选结果进行排序。

图 2-78　设置筛选条件

（5）单击"确定"按钮，即可显示符合条件的筛选结果。

（6）自动筛选时，可以设置多个筛选条件。在其他数据列中重复第（3）步~第（5）步，指定筛选条件。

✏ 提　示

如果筛选条件后，在数据表中添加或修改了一些数据行，单击"数据"选项卡中的"重新应用"按钮 重新应用，可更新筛选结果。

单击"数据"选项卡中的"全部显示"按钮 <kbd>全部显示</kbd>，取消筛选，显示数据表中的所有数据行。

2）高级筛选

对于数据清单"自动筛选"的各字段之间设定的筛选条件关系是"逻辑与"的关联关系，只显示同时满足各个条件的数据记录。若要实现各个字段之间"逻辑或"的关系，显示出至少满足一个字段筛选条件的数据记录集，那就要用高级筛选的功能来实现。

（1）创建条件区域

使用高级筛选需要建立条件区域。所谓条件区域，指在数据清单以外任意单元格位置开始建立的一组存放筛选条件、用于高级筛选功能实现的数据区域，条件区域应至少由两行组成：首行为列标题字段，该字段一定要与原数据清单中相应字段精确地匹配；从第二行开始为呈逻辑判断关系的筛选条件：处于同行的条件在筛选时按"逻辑与"处理；处于不同行的条件在筛选时按"逻辑或"处理。筛选结果可以显示在原数据清单位置，也可以显示在工作表中其他位置。在进行"高级筛选"操作之前，我们必须把条件区域建立好。建立条件区域的方法是：

①按列建立用于存放筛选条件的列标题，各列标题之间要同处一行并左右紧靠，各列标题文字要保证与原数据清单中相应的列标题精确匹配，不能有任何差别，否则 WPS 不能进行条件列标题的正确识别必将导致错误的筛选结果。

②在列标题下面输入查询条件。查询条件表达式一般由关系符号和数据常量组成。关系符号一般有 >、<、< >、>=、<=，若要表示"等于"的关系，只需直接输入相关的数值即可（要注意 Excel 通常把" = "理解为公式的开头从而导致错误）。"高级筛选"条件区域关系符号表达的意义如表 2 – 3 所示。

表 2 – 3 "高级筛选"条件区域关系符号表达的意义

使用的符号	表达的意义
>	大于一个给定的数值
<	小于一个给定的数值
>=	大于或等于一个给定的数值
<=	小于或等于一个给定的数值
< >	不等于一个给定的数值或者文本
不写符号（表示" = "）	等于一个给定的数值或者文本

③列标题下如果需要两个以上的条件，那么筛选需求为"逻辑与"关系的条件必须放在同一行上；对筛选需求为"逻辑或"关系的条件必须放在不同行的位置。

（2）单击"数据"选项卡"筛选"下拉列表中的"高级筛选"命令，打开图 2 – 79 所示的"高级筛选"对话框。

（3）在"方式"区域选择保存筛选结果的位置。

①在原有区域显示筛选结果：将筛选结果显示在原有的数据区域，筛选结果与自动筛选结果相同。

②将筛选结果复制到其他位置：在保留原有数据区域的同时，将筛选结果复制到指定的单元格区域显示。

（4）"列表区域"文本框自动填充数据区域，单击右侧的 按钮可以在工作表中重新选择筛选的数据区域。

（5）单击"条件区域"文本框右侧的 按钮，在工作表中选择条件区域所在的单元格区域，选择时应包含条件列标志和条件，也可以直接输入条件区域的单元格引用。

图2-79　"高级筛选"对话框

> **注意**
>
> 输入条件区域的单元格引用时，必须使用绝对引用。

（6）选择"将筛选结果复制到其他位置"选项，单击"复制到"文本框右侧的 按钮，在工作表中选择筛选结果首行显示的位置。

（7）勾选"选择不重复的记录"复选框，不显示重复的筛选结果。

（8）设置完成后，单击"确定"按钮，即可在"复制到"文本框中指定的单元格区域开始显示筛选结果。

（二）数据分类汇总

分类汇总，指对当前数据清单按指定字段进行分类，将相同字段值的记录分成一类，并进行求平均数、求和、计数、求最大值、求最小值等汇总的运算。通过分类汇总工具，我们可以准确高效地对给定数据进行分类汇总和分析，以提取有用的统计数据和创建数据报表。例如，仓库商品库存管理数据、销售管理数据、学生成绩统计与管理等数据统计表。分类汇总可以分为简单分类汇总和嵌套分类汇总。

在进行分类汇总前，需要把要分类汇总的字段作为主要关键字在数据清单中进行排序，使字段值相同的记录排在相邻的行中，从而保证分类汇总统计数据的正确性。

（1）打开要进行分类汇总的数据表。

> **注意**
>
> WPS根据列标题将数据分组并进行汇总，因此进行分类汇总的数据表的各列应有列标题，并且没有空行或者空列。

（2）按汇总字段对数据表进行排序。选中要进行分类的列中的任意一个单元格，在"数据"选项卡中单击"升序"或"降序"按钮，对数据表进行排序。

按汇总列对数据表进行排序，可以将同类别的数据行组合在一起，便于对包含数字的列进行汇总。

（3）选中要进行汇总的数据区域，单击"数据"选项卡中的"分类汇总"按钮▦，打开图 2－80 所示的"分类汇总"对话框。

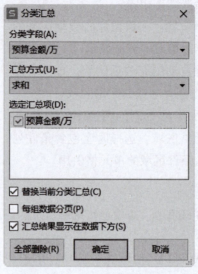

图 2－80 "分类汇总"对话框

（4）在"分类字段"下拉列表框中选择用于分类汇总的数据列标题。选定的数据列一定要与执行排序的数据列相同。

（5）在"汇总方式"下拉列表框中选择对分类进行汇总的计算方式。

（6）在"选择汇总项"列表框中选择要进行汇总计算的数值列。如果勾选多个复选框，可以同时对多列进行汇总。

（7）如果之前已对数据表进行了分类汇总，希望再次进行分类汇总时保留先前的分类汇总结果，则取消勾选"替换当前分类汇总"复选框。

（8）勾选"每组数据分页"复选框，分页显示每一类数据。

（9）单击"确定"按钮关闭对话框，即可看到分类汇总结果。

单击"全部删除"按钮，可以将分类汇总数据清除，恢复到原始的数据表。

（三）认识图表

图表能将工作表数据之间的复杂关系用图形表示出来，与表格数据相比，能更加直观、形象地反映数据的趋势和对比关系，是表格数据分析中常用的工具之一。

1. 认识图表类型

选择图表类型很重要，合适的图表能最佳表现数据，有助于更清晰地反映数据的差异和变化。

（1）选择要创建为图表的单元格区域之后，在"插入"选项卡中单击"全部图表"按钮▦，打开"图表"对话框。

（2）在左侧窗格中可以看到 WPS 提供了丰富的图表类型，在右上窗格中可以看到每种图表类型还包含一种或多种子类型，如图 2－81 所示。

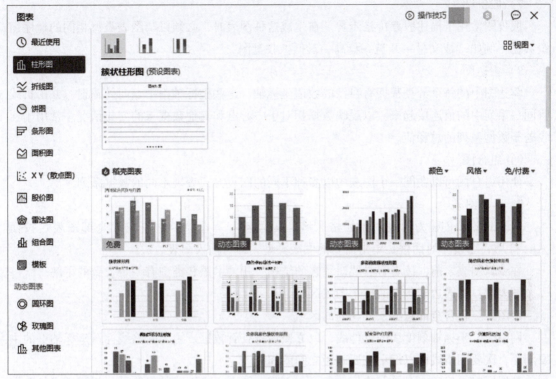

图 2-81 "图表"对话框

1）柱形图

柱形图可以分为簇状柱形图、堆积柱形图和百分比堆积柱形图。

簇状柱形图通常沿水平轴（即 X 轴）组织类别，沿垂直轴（即 Y 轴）组织数值，可以显示一段时间内数据的变化，或者描述各项数据之间的差异；堆积柱形图用于显示各项与整体的关系；百分比堆积柱形图可以沿两条坐标轴对数据点进行比较。

2）折线图

折线图以等间隔显示数据的变化趋势，类别数据沿水平轴均匀分布，数值数据沿垂直轴均匀分布，常用于显示在相等时间间隔下数据的发展趋势。

3）饼图

饼图以圆心角不同的扇形显示某一数据系列中每一项数值与总和的比例关系，常用于突出显示部分与整体的关系。

4）条形图

在条形图中，类别数据显示在垂直轴上，而数值显示在水平轴上，可以突出数值的比较，而淡化随时间的变化。

5）面积图

面积图用于强调幅度随时间的变化量，而不是时间和变化率。

6）XY（散点图）

散点图多用于科学数据，按不等间距显示和比较数值。

7）股价图

股价图常用于描述股票价格走势。在生成这种图表时，必须以与图表类型相同的顺序组织数据，例如"成交量—开盘—盘高—盘低—收盘图"。

8）雷达图

雷达图中的每个分类都拥有自己的数值坐标轴，这些坐标轴由中点向外辐射，并由折线将同一系列中的值连接起来，以反映数据相对于中心点和其他数据点的变化情况。常用于比较若干数据系列的总和值。

9）组合图

使用组合图可以在同一个图表中以多种不同的图表方式表现不同的数据系列。

2. 插入图表

（1）选择要创建为图表的单元格区域，在"插入"选项卡中单击"全部图表"按钮，打开"图表"对话框。单击需要的图表类型，即可插入图表。

在编辑图表之前，读者有必要对图表的结构、相关术语和类型有一个大致的了解。

图表区：图表边框包围的整个图表区域。

绘图区：包含全部数据系列在内的区域。

网格线：坐标轴刻度线的延伸线，以方便用户查看数据。主要网格线标示坐标轴上的主要间距，次要网格线可以标示主要间距之间的间隔。

数据标志：代表一个单元格值的条形、面积、圆点、扇面或其他符号。相同样式的数据标志形成一个数据系列。

将鼠标停在某个数据标志上，会显示该数据标志所属的数据系列、代表的数据点及对应的值。

数据系列：对应于数据表中一行或一列的单元格值。每个数据系列具有唯一的颜色或图案，使用图例标示。

分类名称：通常是行或列标题。

图例：用于标识数据系列的颜色、图案和名称。

数据系列名称：通常为行或列标题，显示在图例中。

（2）创建的图表与图形对象类似，选中图表，图表边框上会出现 8 个控制点。将鼠标指针移至控制点上，指针显示为双向箭头时，按下左键拖动，可调整图表的大小；将指针移到图表区或图表边框上，指针显示为四向箭头时，按下左键拖动，可以移动图表。

3. 更改图表类型

图表类型的选择很重要，选择一个能最佳表现数据的图表类型，有助于更清晰地反映数据的差异和变化。

（1）右击图表区，在打开的右键菜单中单击"更改图表类型"命令，打开图 2 - 82 所示的"更改图表类型"对话框。

（2）选择需要的图表类型，即可完成更改。

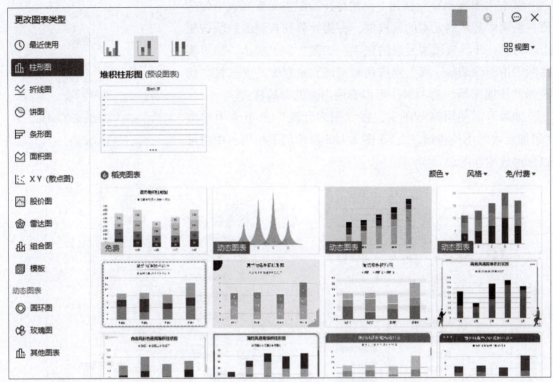

图 2 – 82　"更改图表类型"对话框

4. 添加图表元素

创建图表后，可以根据需要调整图表元素的位置，或在图表中添加、删除图表元素。

WPS Office 内置了一些图表布局，可以直接套用。切换到"图表工具"选项卡，单击"快速布局"下拉按钮 ，在打开的布局列表中单击一种布局方式，即可修改图表的布局，如图 2 – 83 所示。

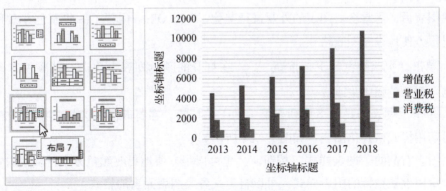

图 2 – 83　套用内置布局的效果

如果内置的布局没有理想的样式，还可以手动添加或删除图表元素，移动图表元素的位置。选中图表后，图表右侧显示图 2 – 84 所示的快速工具栏。利用"图表元素"按钮可以很便捷地在图表中添加或删除元素。

单击"图表元素"按钮⬛，在打开的图表元素列表中勾选要在图表中显示的元素的复选框，将指针移到右侧的级联按钮上，可进一步设置图表元素的选项，如图2-85所示。如果要在图表中删除某些元素，则取消勾选该元素左侧的复选框。切换到"快速布局"选项卡，可以套用内置的布局样式。

如果习惯使用菜单命令，在"图表元素"选项卡中单击"添加元素"下拉按钮⬛，在图2-86所示的下拉菜单中也可以添加或删除图表元素。

图2-84 图表的快速工具栏

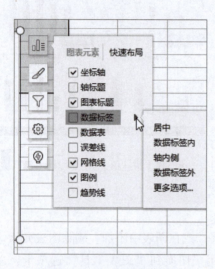

图2-85 添加图表元素

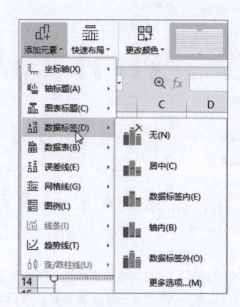

图2-86 "添加元素"下拉菜单

5. 美化图表

创建图表后，通常会对图表的外观进行美化。WPS Office 内置了一些颜色方案和图表样式，可以很方便地设置图表格式。

（1）单击"更改颜色"下拉按钮⬛，在打开的颜色列表中单击一种颜色方案，图表中的数据系列颜色随之更改。

（2）单击"图表样式"下拉列表框上的下拉按钮，在打开的图表样式中单击需要的样式，即可套用样式格式化图表，如图2-87所示。

利用图表右侧的"图表样式"按钮✎，也可以很方便地更改颜色方案，套用内置样式。

如果希望设置独特的图表样式，可以自定义各类图表元素的格式。

（1）单击图表右侧的"属性"按钮⬛，工作表编辑窗口右侧显示"属性"任务窗格，默认显示图表区的格式选项，如图2-88所示。

（2）单击"图表选项"右侧的下拉按钮，在打开的下拉菜单中选择要设置格式的图表元素，如图2-89所示。

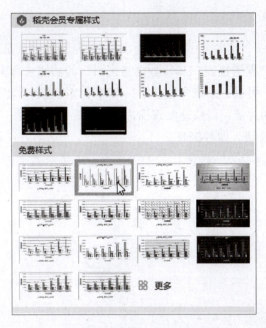

图 2-87　使用内置样式

图 2-88　"属性"任务窗格

（3）在"填充与线条"选项卡中设置图表元素的填充和轮廓样式；在"效果"选项卡中设置图表元素的外观特效；在"大小与属性"选项卡中可设置图表元素的大小、对齐等属性。

（4）切换到"文本选项"，在图 2-90 所示的文本选项中可以设置图表元素中的文本格式。

图 2-89　选择图表元素

图 2-90　文本选项

（四）认识数据透视表

分类汇总的特点是按一个字段分类，一个或多个字段汇总。如果要实现按多个字段分类、多个字段汇总的问题，就需要使用"数据透视表"和"数据透视图"的功能来解决了。

数据透视表是具有交互性的数据报表，可以汇总较多的数据，同时可以筛选各种汇总结果以便查看源数据的各种统计结果。使用切片器可以快速实现筛选功能。

（1）选中要创建数据透视表的单元格区域，即数据源。

（2）单击"数据"选项卡中的"数据透视表"按钮，打开图2-91所示的"创建数据透视表"对话框。

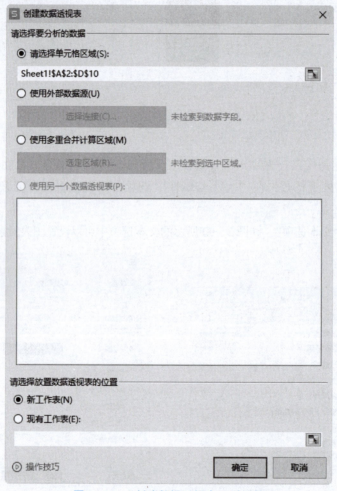

图2-91 "创建数据透视表"对话框

（3）选择创建数据透视表的数据源。默认为选中的单元格区域，用户也可以自定义新的单元格区域、使用外部数据源或选择多重合并计算区域。

（4）选择放置数据透视表的位置。

新工作表：将数据透视表插入一张新的工作表中。

现有工作表：将数据透视表插入当前工作表中的指定区域。

（5）单击"确定"按钮，即可创建空白的透视表，工作表右侧显示"数据透视表"任务窗格，功能区显示"分析"选项卡，如图2－92所示。

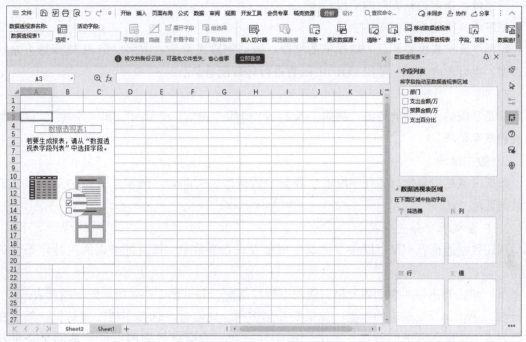

图2－92　创建空白数据透视表

✏️ 提　示

如果在新工作表中创建数据透视表，默认起始位置为A3单元格；如果在当前工作表中创建数据透视表，则起始位置为指定的单元格或区域。

（6）在"数据透视表"任务窗格的"字段列表"区域勾选需要的字段，拖放到"数据透视表区域"，即可自动生成数据透视表。

创建数据透视表之后，如果要对数据透视表进行查看或编辑，需要先了解数据透视表的构成和相关的术语。

1. 数据透视表由字段、项和数据区域组成

1）字段

字段是从数据表中的字段衍生而来的数据的分类，例如图2－93所示的"所属部门""医疗费用""员工姓名""医疗种类"等。

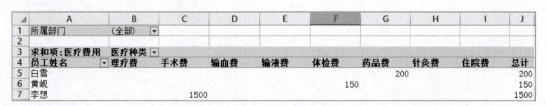

图2－93　字段示例

字段包括页字段、行字段、列字段和数据字段。

页字段：用于对整个数据透视表进行筛选的字段，以显示单个项或所有项的数据。

行字段：指定为行方向的字段。

列字段：指定为列方向的字段。

数据字段：提供要汇总的数据值的字段。数据字段通常包含数字，用 SUM 函数汇总这些数据；也可包含文本，使用 COUNT 函数进行计数汇总。

2）项

项是字段的子分类或成员。例如，图 2 – 93 中的"白雪""黄岘"和"李想"，以及其后的数据都是项。

3）数据区域

数据区域是指包含行和列字段汇总数据的数据透视表部分。例如，图 2 – 93 中 C5：J7 为数据区域。

2. 在透视表中筛选数据

利用数据透视表不仅可以很方便地按指定方式查看数据，而且能查询满足特定条件的数据。

（1）单击筛选器所在的单元格右侧的下拉按钮，打开图 2 – 94 所示的下拉列表。

（2）单击选择要筛选的数据，如果要筛选多项，先勾选"选择多项"复选框，然后在分类列表中选择要筛选的数据。单击"确定"按钮，数据透视表即可仅显示满足条件的数据。

（3）单击列标签右侧的下拉按钮，在图 2 – 95 示的下拉列表中选择筛选数据，并设置筛选结果的排序方式，对列数据进行筛选。

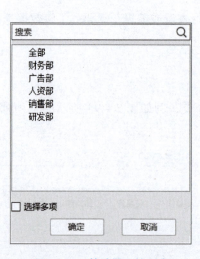

图 2 – 94　筛选器下拉列表

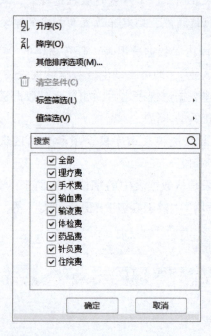

图 2 – 95　列标签下拉列表

除了可以严格匹配进行筛选，还可以对行列标签和单元格值指定范围进行筛选。单击"标签筛选"命令，打开图2-96所示的级联菜单；单击"值筛选"命令，打开图2-97所示的级联菜单。

（4）设置完成后，单击"确定"按钮，即可在数据透视表中显示筛选结果。

（5）使用筛选列数据的方法可以对行数据进行筛选。

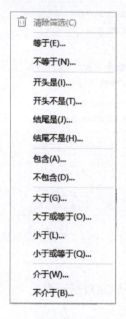

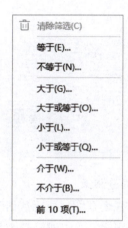

图2-96　"标签筛选"级联菜单　　　　图2-97　"值筛选"级联菜单

3. 编辑数据透视表

创建数据透视表之后，可以根据需要修改行（列）标签和值字段名称、排序筛选结果，以及设置透视表选项。

1）修改数据透视表的行（列）标签和值字段名称。

数据透视表的行、列标签默认为数据源中的标题字段，值字段通常显示为"求和项：标题字段"，可以根据查看习惯修改标签名称。

双击行、列标签所在的单元格，当单元格变为可编辑状态时，输入新的标签名称，然后按Enter键。

双击值字段名称打开图2-98所示的"值字段设置"对话框，在"自定义名称"文本框中输入字段名称。在该对话框中还可以修改值字段的汇总方式，默认为"求和"。设置完成后，单击"确定"按钮关闭对话框。

2）设置数据透视表选项。

在数据透视表的任意位置右击，在弹出的右键菜单中单击"数据透视表选项"命令，打开图2-99所示的"数据透视表选项"对话框。

在该对话框中可以设置数据透视表的名称、布局和格式、总计和筛选方式、显示内容，以及是否保存、启用源数据和明细数据。

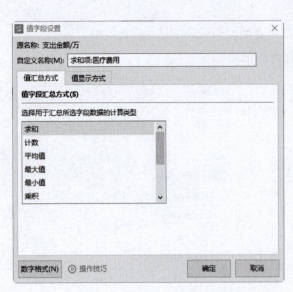

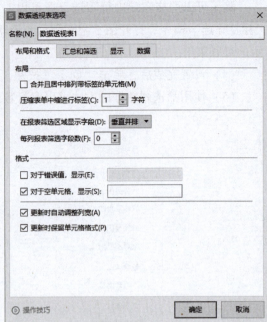

图 2-98 "值字段设置"对话框   图 2-99 "数据透视表选项"对话框

4. 删除数据透视表

使用数据透视表查看、分析数据时，可以根据需要删除数据透视表中的某些字段。如果不再使用数据透视表，可以删除整个数据透视表。

（1）打开数据透视表。右击数据透视表中的任一单元格，在弹出的右键菜单中单击"显示字段列表"命令，打开"数据透视表"任务窗格。

（2）执行以下操作之一删除指定的字段。

①在透视表字段列表中取消勾选要删除的字段复选框。

②在"数据透视表区域"中单击要删除的字段标签，在弹出的菜单中单击"删除字段"命令，如图 2-100 所示。

（3）选中数据透视表中的任一单元格，在"分析"选项卡中单击"删除数据透视表"按钮 ![删除数据透视表]，删除整个透视表。

（五）认识数据透视图

1. 创建数据透视图

（1）在工作表中单击任意一个单元格，在"插入"选项卡中单击"数据透视图"按钮 ![]，打开图 2-101 所示的"创建数据透视图"对话框。

（2）选择要分析的数据。

创建数据透视图有两种方法：一种是直接利用数据源（例如单元格区域、外部数据源和多重合并计算区域）创建数据透视图；另一种是在数据透视表的基础上创建数据透视图。

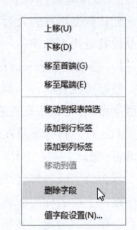

图 2-100 单击"删除字段"命令

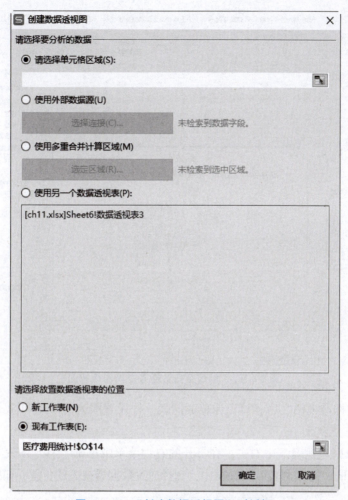

图2-101 "创建数据透视图"对话框

如果要直接利用数据源创建数据透视图，选中需要的数据源类型，然后指定单元格区域或外部数据源。

如果要基于当前工作簿中的一个数据透视表创建数据透视图，则选中"使用另一个数据透视表"单选按钮，然后在下方的列表框中单击数据透视表名称。

（3）选择放置透视图的位置。

（4）单击"确定"按钮，即可创建一个空白数据透视表和数据透视图，工作表右侧显示"数据透视图"任务窗格，且菜单功能区自动切换到"图表工具"选项卡，如图2-102所示。

（5）设置数据透视图的显示字段。在"字段列表"中将需要的字段分别拖放到"数据透视图区域"的各个区域中。在各个区域间拖动字段时，数据透视表和透视图将随之进行相应的变化。

（6）WPS默认生成柱形透视图，如果要更改图表的类型，在"图表工具"选项卡单击"更改类型"按钮，在如图2-82所示的"更改图表类型"对话框中可以修改图表类型。

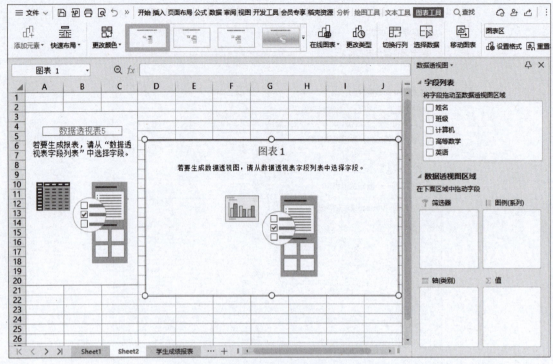

图 2 – 102 创建空白数据透视表和透视图

（7）插入数据透视图之后，可以像普通图表一样设置图表的布局和样式。

2. 移动数据透视图

（1）在"数据透视表"中右击，在打开的右键菜单中单击"移动图表"命令。

（2）在打开的"移动图表"对话框中，选择放置数据透视表的位置，如图 2 – 103 所示。

图 2 – 103 "移动图表"对话框

"新工作表"：新建一个工作表，并把当前数据透视表移到新工作表中。

"对象位于"：在"现有工作表"中放置数据透视表的位置。

（3）单击"确定"按钮关闭对话框。数据透视表即可移动到指定位置。

3. 设置数据系列间距

选择数据透视表中的柱形图，然后右击，在打开的右键菜单中单击"设置数据系列格式"命令。

软件打开"属性"窗格，在"分类间距"中更改条形图中条形的间距，拖动滑动块即可更改条形间距，向右拖动将条形间距变大，向左拖动将条形间距变小，如图 2 − 104 所示。

图 2 − 104　设置分类间距

4. 显示或隐藏数据字段按钮

数据透视图与普通图表最大的区别是：数据透视图可以通过单击图表上的字段名称下拉按钮，筛选需要在图表上显示的数据项。

（1）在数据透视图上单击要筛选的字段名称，在下拉菜单中选择要筛选的内容。如果要同时筛选多个字段，勾选"选择多项"复选框，再选择要筛选的字段。

（2）单击"确定"按钮，筛选的字段名称右侧显示筛选图标，数据透视图中仅显示指定内容的相关信息，数据透视表也随之更新。

（3）如果要取消筛选，单击要清除筛选的字段下拉按钮，在打开的下拉菜单中单击"全部"命令，然后单击"确定"按钮关闭对话框。

（4）如果要对图表中的标签进行筛选，单击标签字段右侧的下拉按钮，在打开的下拉列表中选择"标签筛选"命令，然后在图 2 − 105 所示的级联菜单中选择并设置筛选条件。

（5）如果要取消标签筛选，可以单击要清除筛选的标签下拉按钮，在打开的下拉列表中选择"清空条件"命令。

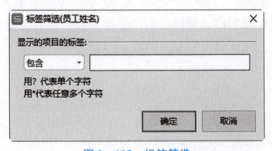

图 2 − 105　标签筛选

任务实施

（一）成绩数据排序

（1）启动 WPS，单击"首页"上的"打开"按钮，打开"打开文件"对话框，找到"学生成绩报表"文件，单击"打开"按钮，打开"学生成绩报表"文件，如图 2 − 106 所示。

（2）切换到"排序与筛选"工作表，单击"计算机"数据列中的任意一个单元格，

（3）单击"数据"选项卡中"排序"下拉列表中的"降序"命令，即可根据计算机成绩的高低对数据行重新进行排列，结果如图 2 − 107 所示。

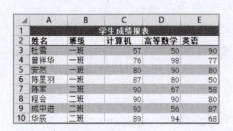

图 2－106　学生成绩报表（原始文件）

图 2－107　按计算机成绩排序学生成绩

（二）筛选成绩数据

（1）选中 C2 到 C10 全部的单元格区域，单击"数据"选项卡中的"筛选"按钮▽，"计算机"数据列标志右侧会显示一个下拉按钮▾。

（2）单击"计算机"数据列中的下拉按钮▾，在打开的下拉列表中只勾选大于或等于 90 分的成绩，单击"确定"按钮，结果如图 2－108 所示。

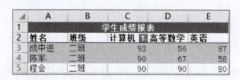

图 2－108　按计算机成绩筛选学生成绩

（三）按班级分类汇总

（1）切换到"分类汇总"工作表，选中 A2 到 E10 全部的单元格区域，单击"数据"选项卡中的"分类汇总"按钮🖹，将弹出的"分类汇总"对话框按照图 2－109 所示进行设置，单击"确定"按钮，完成分类汇总，如图 2－110 所示。

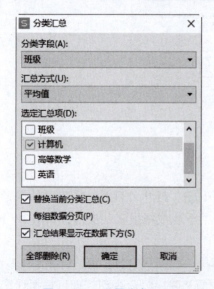

图 2－109　设置分类汇总

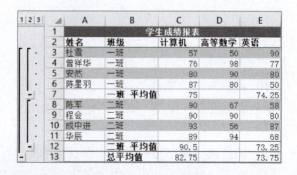

图 2－110　分类汇总结果

（四）利用图表分析学生成绩

（1）切换到"图表分析"工作表，选择 A2 到 E10 全部的单元格区域，单击"插入"选项卡中的"全部图表"按钮，打开"图表"对话框，我们在雷达图页面中选择"雷达图"图表，在生成的雷达图中双击"图表标题"，将其修改为"成绩雷达图"，结果如图 2 – 111 所示。

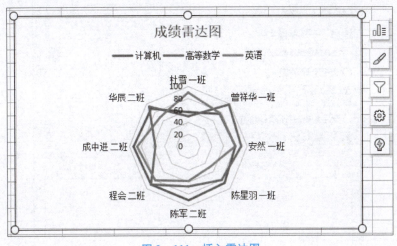

图 2 – 111　插入雷达图

（2）单击图表右侧快速工具栏中"图表筛选器"按钮，在打开的级联菜单中按照图 2 – 112 进行设置，单击"应用"按钮，图表筛选结果如图 2 – 113 所示。

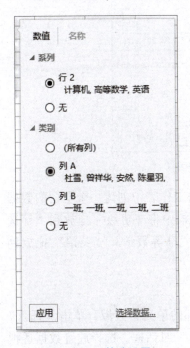

图 2 – 112　筛选设置

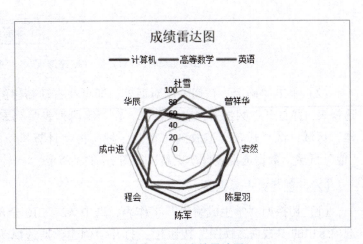

图 2 – 113　成绩雷达图

（五）创建并编辑数据透视表

（1）切换回"学生成绩表"工作表，选中 A2：E10 全部的单元格区域，单击"插入"选项卡中的"数据透视表"按钮，打开"创建数据透视表"对话框。选择放置数据透视表的位置为"新工作表"，如图 2 – 114 所示。

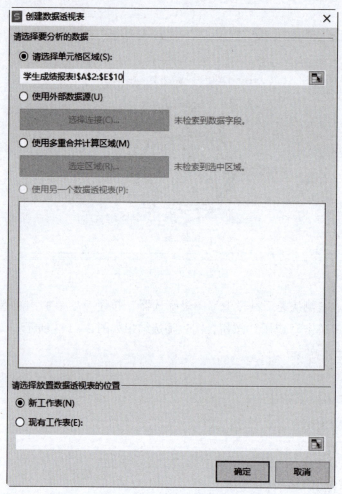

图 2 – 114　设置"创建数据透视表"对话框

（2）单击"确定"按钮关闭对话框，即可在自动新建的工作表中创建一个空白的数据透视表，并打开"数据透视表"窗格。在"字段列表"列表框中将"班级"拖放到"筛选器"区域，将"姓名"拖放到"行"区域，将"计算机""高等数学""英语"拖放到"值"区域，数据透视表自动更新，如图 2 – 115 所示。

（六）创建数据透视图

（1）切换回"学生成绩表"工作表，选中 A2：E10 全部的单元格区域，单击"插入"选项卡中的"数据透视图"按钮，打开"创建数据透视图"对话框。选择放置数据透视表的位置为"新工作表"，如图 2 – 116 所示。

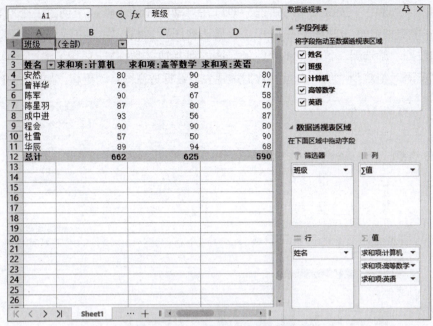

图 2-115　设置数据透视表的布局

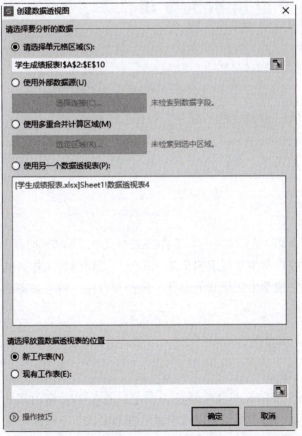

图 2-116　设置"创建数据透视图"对话框

（2）单击"确定"按钮关闭对话框，即可在自动新建的工作表中创建一个空白的数据透视表和一个空白数据透视图，并打开"数据透视图"窗格。在"字段列表"列表框中将"班级"拖放到"筛选器"区域，将"姓名"拖放到"轴（类别）"区域，将"计算机""高等数学""英语"拖放到"值"区域，数据透视表与数据透视图自动更新，如图 2 – 117 所示。

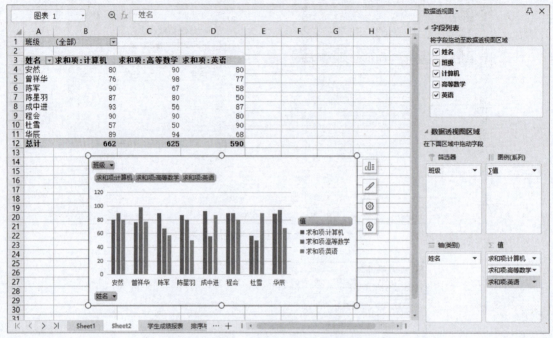

图 2 – 117 设置数据透视图的布局

（3）单击快速访问工具栏上的"保存"按钮，保存文档。

任务 9 美化、保护与打印学生成绩表

任务描述

本任务将实现在 WPS 电子表格中对工作表进行美化、保护和打印。通过对本任务相关知识的学习和实践，要求学生掌握表格个性化设置、工作簿和工作表的保护、工作表的打印设置、分享文档，并完成学生成绩表的美化、保护与打印。效果如图 2 – 118 所示。

相关知识

（一）表格个性化设置

1. 设置边框和底纹

默认情况下，WPS 工作表的背景颜色为白色，各个单元格由浅灰色网格线进行分隔，但网格线不能打印显示。为单元格或区域设置边框和底纹，不仅能美化工作表，而且可以更清楚地区分单元格。

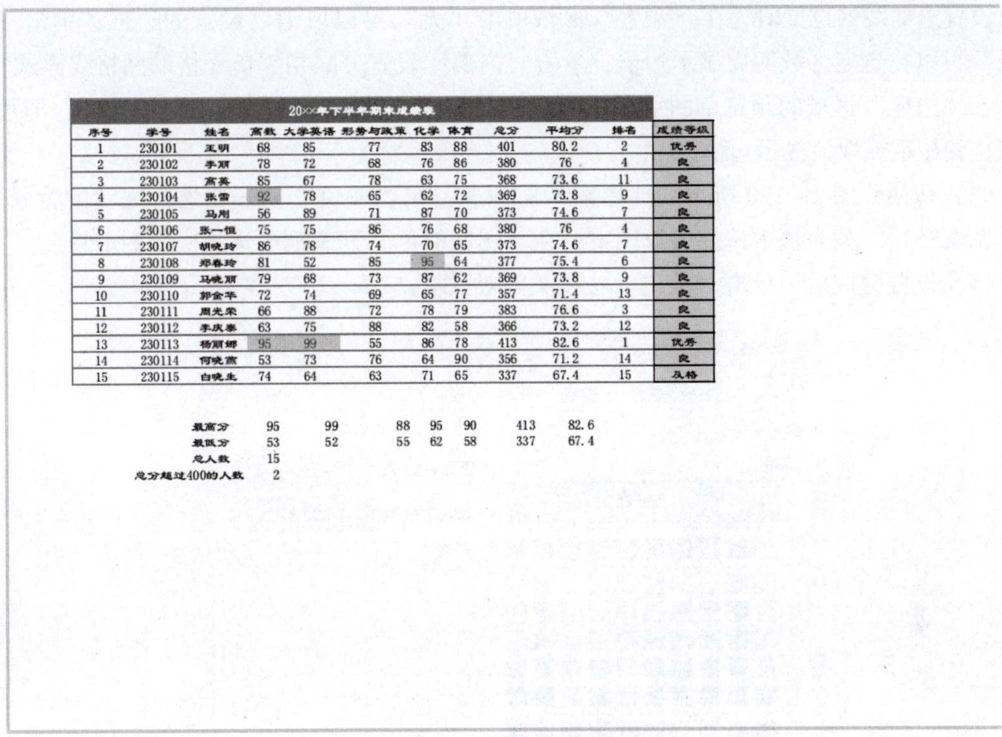

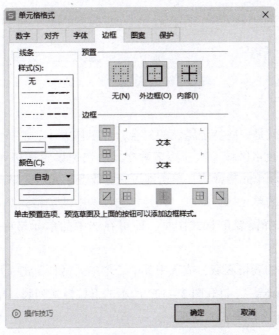

图 2-118　打印的学生成绩表

（1）选中要添加边框和底纹的单元格或区域。

（2）右击，在弹出的右键菜单中单击"设置单元格格式"命令，打开"单元格格式"对话框，然后切换到图 2-119 所示的"边框"选项卡设置边框线的样式、颜色和位置。

图 2-119　"边框"选项卡

设置边框线的位置时，在"预置"区域单击"无"可以取消已设置的边框；单击"外边框"可以在选定区域四周显示边框；单击"内部"设置分隔相邻单元格的网格线样式。

在"边框"区域的预览草图上单击，或直接单击预览草图四周的边框线按钮，即可在指定位置显示或取消显示边框。

（3）切换到图 2－120 所示的"图案"选项卡，在"颜色"列表中选择底纹的背景色；在"图案样式"列表框中选择底纹图案；在"图案颜色"列表框中选择底纹的前景色。

（4）设置完成后，单击"确定"按钮关闭对话框。

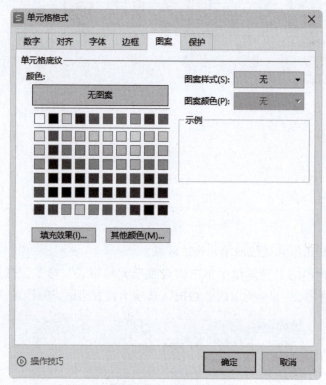

图 2－120　"图案"选项卡

2. 套用样式

所谓样式，实际上就是一些特定属性的集合，如字体大小、对齐方式、边框和底纹等。使用样式可以在不同的表格区域一次应用多种格式，快速设置表格元素的外观效果。WPS 预置了丰富的表格样式和单元格样式，单击即可一键改变单元格的格式和表格外观。

（1）选择要格式化的单元格，单击"开始"选项卡中的"格式"下拉按钮![单元格样式]，在打开的下拉列表中选择需要的样式图标，即可在选中的单元格中应用指定的样式，如图 2－121 所示。

（2）选择要格式化的表格区域，或选中其中一个单元格，单击"开始"选项卡中的"表格样式"下拉按钮![表格样式]，打开图 2－122 所示的下拉样式列表。单击需要的样式，打开图 2－123 所示的"套用表格样式"对话框。

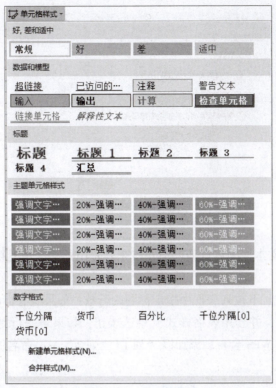

图 2 – 121　单元格样式

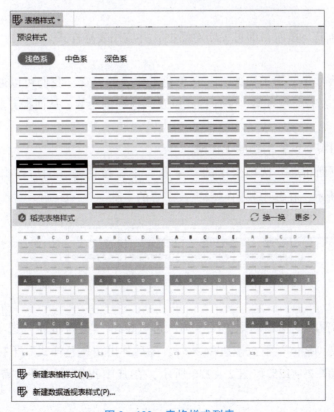

图 2 – 122　表格样式列表

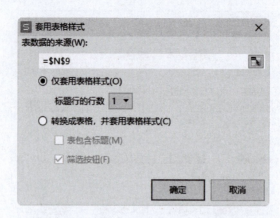

图 2－123　"套用表格式"对话框

"表数据的来源"文本框中将自动识别并填充要套用样式的单元格区域，可以根据需要修改。

在"标题行的行数"下拉列表框中指定标题的行数；如果没有标题行，则选择 0。

选中"转换成表格，并套用表格样式"单选按钮；如果第一行是标题行，勾选"表包含标题"复选框，否则 WPS 会自动添加以"列 1""列 2"……命名的标题行。

> **注意**
>
> 将普通的单元格区域转换为表格后，有些操作将不能进行，例如分类汇总。

（4）单击"确定"按钮，即可关闭对话框，并应用表格样式。

3. 设置主题

在 WPS 电子表格中，为了快速统一和美化工作表的外观，我们可以通过应用主题，高效地调整整个工作表的配色方案、字体样式以及其他视觉元素，从而提升文档的专业性和一致性。

（1）打开我们需要设置主题的工作簿。

（2）单击"页面布局"选项卡中的"主题"下拉按钮，随后弹出"主题"下拉菜单，如图 2－124 所示，在其中我们可以更改需要的主题。

图 2－124　"主题"下拉菜单

如果我们想单独改变主题的配色或字体，可以单击"页面布局"选项卡中的"颜色"下拉按钮或"字体"下拉按钮，随后弹出"颜色样式"下拉菜单或"字体样式"下拉菜单，如图 2－125 和图 2－126 所示，在其中我们可以更改需要的主题配色和字体。

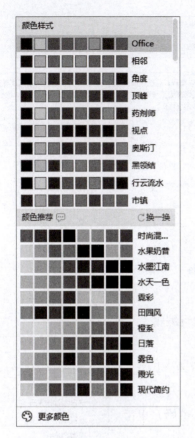

图 2 – 125　"颜色样式"下拉菜单

图 2 – 126　"字体样式"下拉菜单

（二）工作簿、工作表和单元格保护

在 WPS 表格中，为了确保数据的安全性和完整性，我们可以进行工作簿、工作表和单元格的保护。

1. 工作簿的保护

工作簿保护主要用于防止未经授权的结构更改（如添加、删除或移动工作表）或窗口调整。

（1）打开我们需要保护的工作簿。

（2）单击"审阅"选项卡中的"保护工作簿"按钮，随后弹出"保护工作簿"对话框，如图 2 – 127 所示，输入密码，单击"确定"按钮，弹出"确认密码"对话框，如图 2 – 128 所示。

（3）单击"确定"按钮，确认完密码后，工作簿的结构将被保护，工作表的删除、移动、添加将会被禁止。

（4）若用户想取消工作簿的保护，单击"审阅"选项卡中的"撤消工作簿保护"按钮，随后弹出"撤消工作簿保护"对话框，如图 2 – 129 所示，输入密码，单击"确定"按钮，撤消工作簿保护。

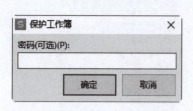

图2-127 "保护工作簿"对话框

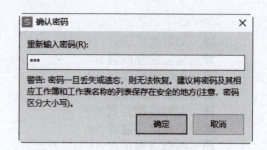

图2-128 "确认密码"对话框

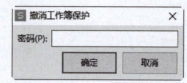

图2-129 "撤消工作簿保护"对话框

2. 工作表的保护

工作表保护可以防止他人对工作表中的单元格进行编辑。

（1）打开我们需要保护的工作表。

（2）单击"审阅"选项卡中的"保护工作表"按钮，随后弹出"保护工作表"对话框，如图2-130所示，勾选我们想要允许此工作表的所有用户进行的操作，然后输入密码，单击"确定"按钮，弹出"确认密码"对话框。

（3）再次输入密码，单击"确定"按钮，此时，工作表中没有被保护的单元格区域无法修改，如果修改，系统会弹出图2-131所示的提示。

（4）若用户想取消工作表的保护，单击"审阅"选项卡中的"撤消工作表保护"按钮，随后弹出"撤消工作表保护"对话框，如图2-132所示，输入密码，单击"确定"按钮，撤消工作表保护。

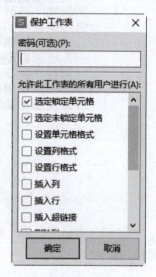

图2-130 "保护工作表"对话框

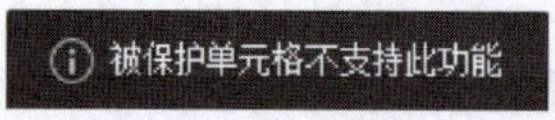

被保护单元格不支持此功能

图2-131 修改被保护的单元格的系统提示

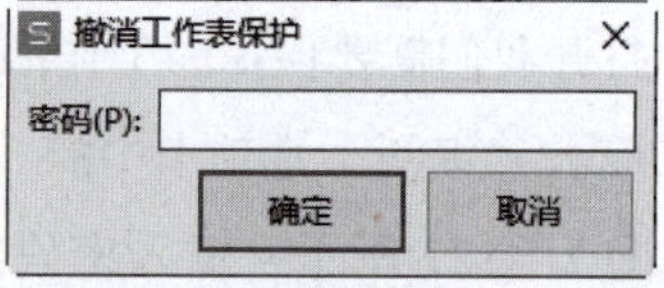

撤消工作表保护

密码(P):

确定 取消

图2-132 "撤消工作表保护"对话框

3. 单元格的保护

单元格保护是工作表保护的一部分，只有在启用工作表保护后才会生效。所有单元格默认处于"锁定"状态，如果工作表未被保护，则"锁定"状态无效。

（1）选中我们需要取消锁定/锁定的单元格。

（2）单击"审阅"选项卡中的"锁定单元格"按钮，取消锁定/锁定单元格。

(三) 工作表的打印设置

打印预览功能具有"所见即所得"的页面效果，因此，我们应充分使用打印预览功能，在屏幕上预先观察打印效果。通过"观察→修改设置→观察"的不断重复过程将文档打印设置得更加满意，之后再打印输出。

1. 打印预览

（1）单击"页面布局"选项卡中的"打印预览"按钮 ，打开"打印预览"选项卡，如图2-133所示。用户所做的纸张方向、页边距等设置都可以通过预览区域查看效果，这个效果也是打印机打印的实际效果。用户还可以通过调整预览区下面的滑块改变预览视图的大小。

（2）若用户对打印效果不满意，可在"打印预览"选项卡中对电子表格页面设置作进一步调整，直到预览效果满意为止。

图2-133　"打印预览"选项卡

（3）单击"返回"按钮，或单击"打印预览"选项卡中的"关闭"按钮 ，关闭打印预览，返回文档编辑。

2. 打印设置

（1）单击"文件"菜单下的"打印"命令，打开图2-134所示的"打印"对话框。

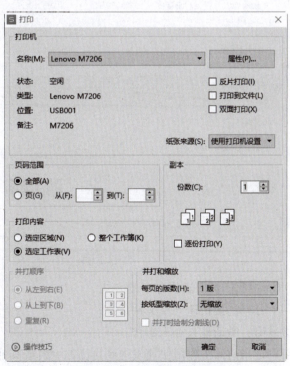

图2-134　"打印"对话框

（2）在"名称"下拉列表中选择电脑中安装的打印机。

（3）若打印全部表格，勾选全部，若想指定打印某几页输入页码范围即可。

（4）可以设置只打印选定区域、整个工作簿和选定工作表。

（5）如果需打印多份，在"份数"数值框中设置打印的份数。

（6）如果要双面打印文档，勾选"双面打印"复选框。

（7）单击"确定"按钮，即可开始打印。

（四）分享文档

WPS 电子表格中的分享功能是一项非常实用的功能，它允许用户将工作簿共享给他人，以便进行协作或查看。这项功能特别适用于团队合作、远程办公以及需要多人参与编辑的场景。

（1）打开我们需要分享的工作簿，确保工作簿已经保存到 WPS 云空间，如果工作簿没有保存到云空间进行分享，那么系统会弹出"编辑内容未保存"对话框，如图 2 –135 所示。

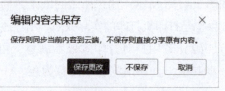

图 2 –135　"编辑内容未保存"对话框

（2）单击"保存更改"按钮，将文档保存到云端，随后弹出"分享"页面，如图 2 –136 所示。

图 2 –136　"分享"页面

（3）在"分享"页面中我们可以选择分享的方式。

复制链接：生成一个分享链接快速共享文件。

发给联系人：发送邀请，邀请他人加入协作。

发至手机：允许用户将当前的工作簿快速发送到自己的手机或其他移动设备上，让用户能随时随地通过手机或移动设备查看或编辑文件。

以文件发送：以文件发送是一种将当前工作簿直接作为附件发送给其他用户的方式，这种方式适合需要离线共享或一次性传递文件的场景。

任务实施

(一) 设置底纹与边框

(1) 启动 WPS, 单击"首页"上的"打开"按钮 ▇, 打开"打开文件"对话框, 找到"学生成绩表"文件, 单击"打开"按钮, 打开"学生成绩表"文件, 如图 2–51 所示。

(2) 选中 L2 到 L17 全部的单元格区域, 右击, 在弹出的右键菜单中单击"设置单元格格式"命令, 打开"单元格格式"对话框, 然后按照图 2–137 设置边框线和单元格背景颜色, 结果如图 2–138 所示。

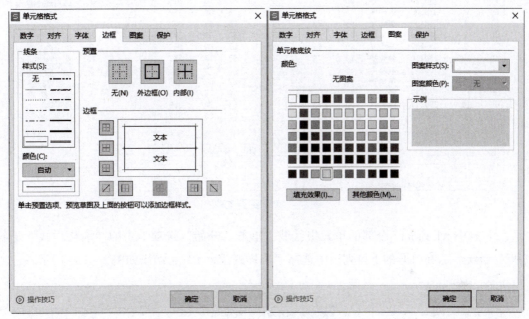

图 2–137 设置单元格格式

	A	B	C	D	E	F	G	H	I	J	K	L
1					20××年下半年期末成绩表							
2	序号	学号	姓名	高数	大学英语	形势与政策	化学	体育	总分	平均分	排名	成绩等级
3	1	230101	王明	68	85	77	83	88	401	80.2	2	优秀
4	2	230102	李丽	78	72	68	76	86	380	76	4	良
5	3	230103	高英	85	67	78	63	75	368	73.6	11	良
6	4	230104	张雪	92	78	65	62	72	369	73.8	9	良
7	5	230105	马刚	56	89	71	87	70	373	74.6	7	良
8	6	230106	张一恒	75	75	86	76	68	380	76	4	良
9	7	230107	胡晓玲	86	78	74	70	65	373	74.6	7	良
10	8	230108	郑春玲	81	52	85	95	64	377	75.4	6	良
11	9	230109	马晓丽	79	68	73	87	62	369	73.8	9	良
12	10	230110	郭金华	72	74	69	65	77	357	71.4	13	良
13	11	230111	周光荣	66	88	72	78	79	383	76.6	3	良
14	12	230112	李庆泰	63	75	88	82	58	366	73.2	12	良
15	13	230113	杨丽娜	95	99	55	86	78	413	82.6	1	优秀
16	14	230114	何晓燕	53	73	76	64	90	356	71.2	14	良
17	15	230115	白晓生	74	64	63	71	65	337	67.4	15	及格
18												
19												
20			最高分	95	99	88	95	90	413	82.6		
21			最低分	53	52	55	62	58	337	67.4		
22			总人数	15								
23			总分超过400的人数	2								

图 2–138 设置背景

（二）设置主题和样式

（1）单击"页面布局"选项卡中的"主题"下拉按钮，在弹出的"主题"下拉菜单中选择"角度"主题，结果如图2-139所示。

	A	B	C	D	E	F	G	H	I	J	K	L
1						20××年下半年期末成绩表						
2	序号	学号	姓名	高数	大学英语	形势与政策	化学	体育	总分	平均分	排名	成绩等级
3	1	230101	王明	68	85	77	83	88	401	80.2	2	优秀
4	2	230102	李丽	78	72	68	76	86	380	76	4	良
5	3	230103	高英	85	67	78	63	75	368	73.6	11	良
6	4	230104	张雪	92	78	65	62	72	369	73.8	9	良
7	5	230105	马刚	56	89	71	87	70	373	74.6	7	良
8	6	230106	张一恒	75	75	86	76	68	380	76	4	良
9	7	230107	胡晓玲	86	78	74	70	65	373	74.6	7	良
10	8	230108	郑春玲	81	52	85	95	64	377	75.4	6	良
11	9	230109	马晓丽	79	68	73	87	62	369	73.8	9	良
12	10	230110	郭金华	72	74	69	65	77	357	71.4	13	良
13	11	230111	周光荣	66	88	72	78	79	383	76.6	3	良
14	12	230112	李庆泰	63	75	88	82	58	366	73.2	12	良
15	13	230113	杨丽娜	95	99	55	86	78	413	82.6	1	优秀
16	14	230114	何晓燕	53	73	76	64	90	356	71.2	14	良
17	15	230115	白晓生	74	64	63	71	65	337	67.4	15	及格
18												
19												
20			最高分	95	99	88	95	90	413	82.6		
21			最低分	53	52	55	62	58	337	67.4		
22			总人数	15								
23		总分超过400的人数		2								

图2-139　变更主题

（2）选中A1到K17全部的单元格区域，单击"开始"选项卡中的"表格样式"下拉按钮，在打开的下拉列表中选择"表样式浅色10"，结果如图2-140所示。

	A	B	C	D	E	F	G	H	I	J	K	L
1						20××年下半年期末成绩表						
2	序号	学号	姓名	高数	大学英语	形势与政策	化学	体育	总分	平均分	排名	成绩等级
3	1	230101	王明	68	85	77	83	88	401	80.2	2	优秀
4	2	230102	李丽	78	72	68	76	86	380	76	4	良
5	3	230103	高英	85	67	78	63	75	368	73.6	11	良
6	4	230104	张雪	92	78	65	62	72	369	73.8	9	良
7	5	230105	马刚	56	89	71	87	70	373	74.6	7	良
8	6	230106	张一恒	75	75	86	76	68	380	76	4	良
9	7	230107	胡晓玲	86	78	74	70	65	373	74.6	7	良
10	8	230108	郑春玲	81	52	85	95	64	377	75.4	6	良
11	9	230109	马晓丽	79	68	73	87	62	369	73.8	9	良
12	10	230110	郭金华	72	74	69	65	77	357	71.4	13	良
13	11	230111	周光荣	66	88	72	78	79	383	76.6	3	良
14	12	230112	李庆泰	63	75	88	82	58	366	73.2	12	良
15	13	230113	杨丽娜	95	99	55	86	78	413	82.6	1	优秀
16	14	230114	何晓燕	53	73	76	64	90	356	71.2	14	良
17	15	230115	白晓生	74	64	63	71	65	337	67.4	15	及格
18												
19												
20			最高分	95	99	88	95	90	413	82.6		
21			最低分	53	52	55	62	58	337	67.4		
22			总人数	15								
23		总分超过400的人数		2								

图2-140　设置表格样式

（三）单元格与工作表的保护

（1）按 Ctrl + A 键选中工作表全部的单元格区域，通过反复单击"审阅"选项卡中的

"锁定单元格"按钮 锁定单元格，确保所有的单元格被锁定。

（2）单击"审阅"选项卡中的"保护工作表"按钮 保护工作表，在弹出的"保护工作表"对话框中勾选"选定锁定单元格"和"选定未锁定单元格"复选框，然后输入密码，单击"确定"按钮，弹出"确认密码"对话框，再次输入密码，单击"确定"按钮，完成工作表的保护。

（四）工作簿的保护与分享

（1）单击"审阅"选项卡中的"保护工作簿"按钮 保护工作簿，在弹出的"保护工作簿"对话框中输入密码，单击"确定"按钮，弹出"确认密码"对话框。

（2）在弹出的"确认密码"对话框中再次输入密码，单击"确定"按钮，完成工作簿的保护。

（3）单击功能区右上角的"分享"按钮 分享，弹出"编辑内容未保存"对话框，单击"保存更改"按钮，弹出"分享"页面，单击"创建并分享"按钮进入"分享链接"页面，如图 2 – 141 所示。

图 2 – 141　"分享链接"页面

（4）单击"复制链接"按钮，复制链接，分享给我们想要邀请的人，完成分享。

（五）工作表的打印及其设置

（1）单击"页面布局"选项卡中的"打印预览"按钮 Q，打开"打印预览"选项卡，单击"横向"按钮 横向，结果如图 2 – 142 所示。

（3）单击"返回"按钮，或单击"打印预览"选项卡中的"关闭"按钮 ×，关闭打印预览，返回文档编辑。

（4）单击"文件"菜单下的"打印"命令，打开"打印"对话框，保持默认设置，单击"确定"按钮，弹出"将打印输出另存为"对话框，如图 2 – 143 所示。

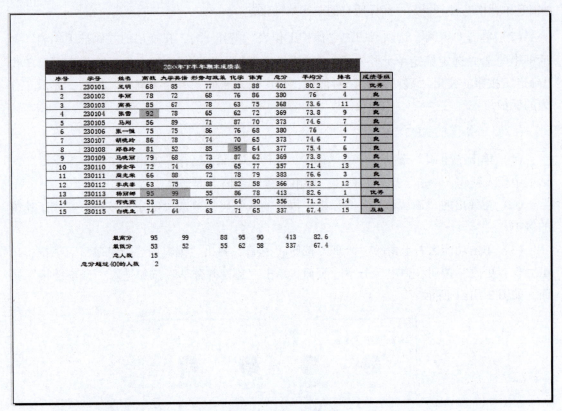

图 2-142　打印预览

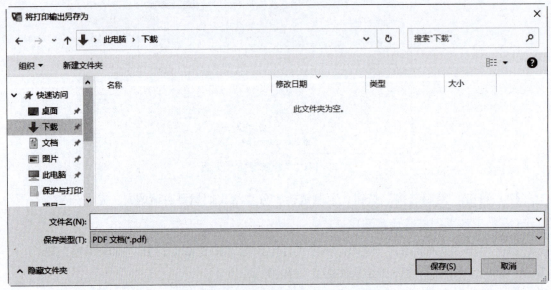

图 2-143　"将打印输出另存为"对话框

（4）选择文件保存的位置，输入保存的文件名，单击"保存"按钮，完成学生成绩表的打印，结果如图 2-118 所示。

能力拓展

（一）公司财政报表的制作与数据分析

（1）在 WPS 中，新建一个空白的表格。单击"OfficeAI"选项卡中的"右侧面板"按钮🤖，在 WPS 界面的右侧显示"海鹦 OfficeAI 助手"聊天对话框。

（2）在对话框中输入提示词：

> 请帮我设计一份简易的公司季度财务报表模板，要求：
> 1. 包含收入和支出等内容
> 2. 填充假设的财务数据，并分析其中数据
> 3. 所有内容用中文撰写，时间范围为 2023 年第四季度至 2024 年第三季度
> 4. 采用合适的表格样式

（3）单击"发送"按钮➤。OfficeAI 会对提示词进行深度思考，并对其进行分析，然后输出报告，如图 2–144 所示，输出完市场报告弹出"请选择需要插入的表格"对话框，如图 2–145 所示。

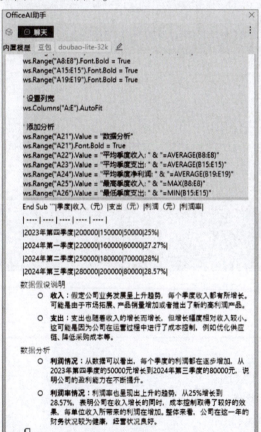

图 2–144　输出报告

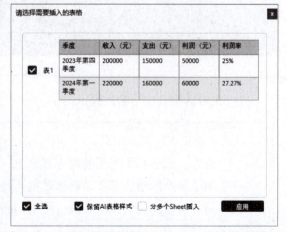

图 2–145　"请选择需要插入的表格"对话框

（4）按照图 2 – 145 进行设置，单击"应用"按钮，在空白工作表中生成表格，结果如图 2 – 146 所示。

	A	B	C	D	E
1	季度	收入（元）	支出（元）	利润（元）	利润率
2	2023年第四季度	200000	150000	50000	25%
3	2024年第一季度	220000	160000	60000	27.27%
4	2024年第二季度	250000	180000	70000	28%
5	2024年第三季度	280000	200000	80000	28.57%

图 2 – 146　生成的表格

（5）单击访问快速工具栏上的"保存"按钮，打开"另存文件"对话框，指定保存位置，输入文件名为"公司财政报表"，单击"保存"按钮，保存文件。

（6）在浏览器中登录网页版的 DeepSeek（网址：https://chat.deepseek.com），如图 2 – 147 所示。

图 2 – 147　网页版 DeepSeek

（7）在对话输入框中输入提示词：

请生成以下可视化图表：

1. 收入、成本和净利润的趋势对比图（折线图）

2. 四个季度的毛利率和净利率对比（柱形图）

3. 请将传递文件的表格数据，使用 html 和 chart.js

（7）单击"上传附件"按钮 ⓤ，打开"打开"对话框，选取"公司财政报表"文件，然后单击"打开"按钮，上传数据文件，单击"深度思考（R1）"按钮 ⊠深度思考 (R1)，然后单击"发送"按钮 ⬆。

（8）DeepSeek 会对提示词进行深度思考，并对其进行分析，然后用 html 和 chart. js 生成柱形图的代码，结果如下。

```
<!DOCTYPE html>
<html>
<head>
    <title>财务可视化报表</title>
    <script src = "https://cdn.jsdelivr.net/npm/chart.js"></script>
    <style>
        .container { max-width: 1200px; margin: 20px auto; }
        .chart-container { margin: 40px 0; padding: 20px; border: 1px solid #ddd; }
        table { width: 100%; border-collapse: collapse; margin-top: 20px; }
        th, td { border: 1px solid #ddd; padding: 12px; text-align: center; }
        th { background-color: #f5f5f5; }
    </style>
</head>
<body>
    <div class = "container">
        <!-- 数据表格 -->
        <table>
            <thead>
                <tr>
                    <th>季度</th>
                    <th>收入</th>
                    <th>成本</th>
                    <th>净利润</th>
                    <th>毛利率</th>
                    <th>净利率</th>
                </tr>
            </thead>
            <tbody>
                <tr>
                    <td>Q1</td>
                    <td>1200</td>
                    <td>800</td>
                    <td>240</td>
                    <td>33.3%</td>
                    <td>20.0%</td>
                </tr>
                <tr>
                    <td>Q2</td>
                    <td>1500</td>
                    <td>950</td>
                    <td>330</td>
```

```
                        <td>36.7%</td>
                        <td>22.0%</td>
                </tr>
                <tr>
                        <td>Q3</td>
                        <td>1800</td>
                        <td>1100</td>
                        <td>420</td>
                        <td>38.9%</td>
                        <td>23.3%</td>
                </tr>
                <tr>
                        <td>Q4</td>
                        <td>2000</td>
                        <td>1250</td>
                        <td>500</td>
                        <td>37.5%</td>
                        <td>25.0%</td>
                </tr>
            </tbody>
        </table>

        <!-- 趋势对比图 -->
        <div class="chart-container">
            <canvas id="trendChart"></canvas>
        </div>

        <!-- 利润率对比图 -->
        <div class="chart-container">
            <canvas id="marginChart"></canvas>
        </div>
</div>

<script>
    //趋势对比图数据
    const trendData = {
        labels: ['Q1', 'Q2', 'Q3', 'Q4'],
        datasets: [{
            label: '收入(万元)',
            data: [1200, 1500, 1800, 2000],
            borderColor: '#4CAF50',
            tension: 0.4
        }, {
            label: '成本(万元)',
            data: [800, 950, 1100, 1250],
            borderColor: '#F44336',
            tension: 0.4
        }, {
            label: '净利润(万元)',
```

```
                data: [240, 330, 420, 500],
                borderColor: '#2196F3',
                tension: 0.4
        }]
};

// 利润率对比数据
const marginData = {
        labels: ['Q1', 'Q2', 'Q3', 'Q4'],
        datasets: [{
                label: '毛利率',
                data: [33.3, 36.7, 38.9, 37.5],
                backgroundColor: '#FF9800'
        }, {
                label: '净利率',
                data: [20.0, 22.0, 23.3, 25.0],
                backgroundColor: '#9C27B0'
        }]
};

// 渲染趋势对比图
new Chart(document.getElementById('trendChart'), {
    type: 'line',
    data: trendData,
    options: {
            responsive: true,
            plugins: {
                    title: { display: true, text: '收入、成本和净利润趋势对比' }
            },
            scales: {
                    y: { title: { display: true, text: '金额(万元)' } }
            }
    }
});

// 渲染利润率对比图
new Chart(document.getElementById('marginChart'), {
    type: 'bar',
    data: marginData,
    options: {
            responsive: true,
            plugins: {
                    title: { display: true, text: '季度利润率对比' }
            },
            scales: {
                    y: {
                            title: { display: true, text: '比率 (%)' },
                            beginAtZero: true
                    }
            }
```

```
            }
        });
    </script>
</body>
</html>
```

（9）在代码上方单击 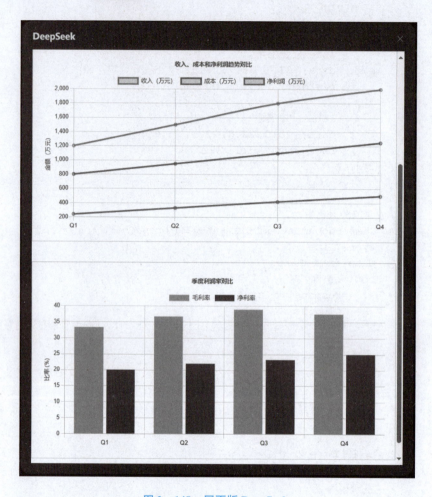 运行按钮，直接查看图表，如图 2-148 所示。

图 2-148　网页版 DeepSeek

（二）Python 与 Excel 结合进行数据处理与分析

某网站显示沪深 A 股涨停股池如图 2-149 所示，本实例爬取数据，并将数据保存在名为"A 股涨停股池 .xlsx"的 Excel 文件中。

操作步骤如下：

（1）启动 PyCharm，打开项目 ch03，在项目中新建一个名为 stockPool. py 的 Python 文件。

（2）在 stockPool. py 的命令编辑窗口编写如下程序：

```
# /usr/bin/env python3
# - * - coding: UTF - 8 - * -
import pandas as pd
print('*'*20,'沪深 A 股涨停股池','*'*20)
df = pd.read_html("https://stock.9fzt.com/intelligence/index.html",
                 encoding ='utf - 8', header = 0)[0]
print(df)
df.to_excel('沪深 A 股涨停股池 .xlsx', index = False)
```

图 2 - 149　涨停股池

（3）运行程序，运行结果如图 2 - 150 所示（由于股票的交易情况随时发生变动，而爬取数据需要时间，由于此时间差而产生实际分析结果与网站数据不一致的情况）。

（4）进入指定的文件保存路径，可以看到创建的 Excel 文件"沪深 A 股涨停股池 .xlsx"。双击打开，可以看到保存的数据，如图 2 - 151 所示。

```
********************* 沪深A股涨停股池 *********************
   序号        股票名称   ...  炸板次数                        关联概念/关联理由
0  序号        股票名称   ...  炸板次数                        关联概念/关联理由
1  1  北鼎股份 300824   ...  0  电子商务  │ 公司招股书显示，公司建立了以第三方电商平台直营为主，自建官方商城为辅的线上直销网络。
2  2  汉嘉设计 300746   ...  0  股权转让(并购重组)  │ 2024年9月11日公告，汉嘉设计集团股份有限公司（下称"公司"或...
3  3  九洲集团 300040   ...  0  绿色电力  │ 公司通过承建、直接投资光伏、风电、项目等方式，由电力设备制造向下游延伸，进入可...
4  4  南国置业 002305   ...  0  租售同权  │ 2018年6月份，公司与上海租后签署了战略合作协议。双方以推进长租事业发展为共...
5  5  茂业商业 600828   ...  0          信托概念  │ 参股中铁信托0.29%股权。

[6 rows x 9 columns]
```

图 2-150　运行结果

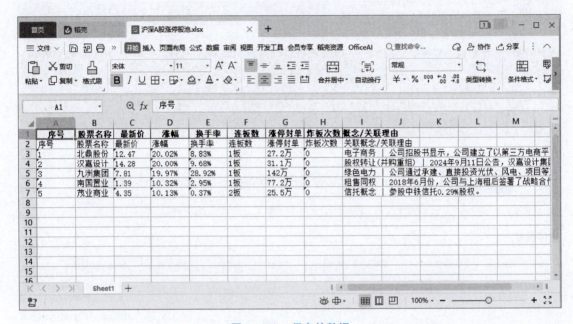

图 2-151　保存的数据

课后练习

（一）选择题

1. 以下哪种数据类型默认右对齐？（　　　）

A. 文本型数据　　　　　　　　　　　B. 数值型数据

C. 日期时间型数据　　　　　　　　　D. 所有数据类型

2. 在设置单元格边框时，单击"无"会有什么效果？（　　　）

A. 取消所有边框　　　　　　　　　　B. 添加外边框

C. 设置内部网格线　　　　　　　　　D. 仅保留上边框

3. 在 WPS 表格中，用于快速调整列宽以适应内容的命令是（　　　）。

A. 标准列宽　　　　　　　　　　　　B. 最合适的列宽

C. 固定列宽　　　　　　　　　　　　D. 自定义列宽

4. 在 WPS 表格中，COUNTIF 函数的主要功能是（   ）。

A. 计算平均值　　　　　　　　　　　B. 统计满足条件的单元格数量

C. 求最大值　　　　　　　　　　　　D. 排名

5. 数据有效性检查的功能不包括以下哪项？（   ）

A. 防止输入无效数据　　　　　　　　B. 提供输入提示信息

C. 自动生成图表　　　　　　　　　　D. 圈释无效数据

6. 在图表类型中，哪种图表最适合显示部分与整体的关系？（   ）

A. 柱形图　　　　　　　　　　　　　B. 折线图

C. 饼图　　　　　　　　　　　　　　D. 条形图

（二）操作题

1. 制作"公司费用支出记录表"，如图 2 – 152 所示。

（1）打开初始的工作表。

（2）输入数据并格式化。

（3）进行有效性设置。

序号	月	日	费用类别	产生部门	支出金额	摘要	负责人
				公司费用支出记录表			
001	2	1	招聘培训	人事部	￥ 650.00	招聘新员工	A
002	2	2	办公费用	财务部	￥ 8,000.00	采购电脑	C
003	2	8	餐饮费	企划部	￥ 600.00		E
004	2	10	差旅费	销售部	￥ 1,200.00		B
005	2	12	业务拓展	销售部	￥ 3,500.00	广告投放	F
006	2	16	设备修理	研发部	￥ 1,600.00		C
007	2	20	会务费	企划部	￥ 3,200.00		G
008	2	25	会务费	研发部	￥ 3,800.00		H
009	2	28	办公费用	人事部	￥ 200.00	采购记事本	A
010	3	1	差旅费	企划部	￥ 1,800.00		S
011	3	2	设备修理	研发部	￥ 3,800.00		W
012	3	5	业务拓展	销售部	￥ 5,000.00		T
013	3	7	福利	人事部	￥ 4,800.00	采购福利品	A
014	3	9	会务费	销售部	￥ 1,200.00		X
015	3	10	招聘培训	人事部	￥ 680.00	采购培训教材	A
016	3	12	差旅费	研发部	￥ 2,200.00		Z
017	3	18	餐饮费	财务部	￥ 450.00		B
018	3	22	办公费用	企划部	￥ 320.00		N
019	3	26	设备修理	销售部	￥ 260.00		M
020	3	28	差旅费	财务部	￥ 1,080.00		J

图 2 – 152　公司费用支出记录表

2. 计算"年会费用预算表"，如图 2 – 153 所示。

（1）打开初始的工作表。

（2）输入计算公式。

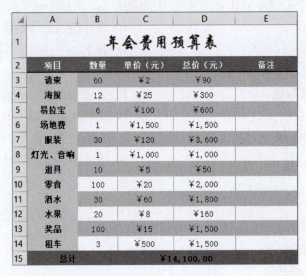

图2-153 年会费用预算表

3. 在"某公司年度销售额统计表"中查找特定信息，如图2-154所示。

（1）打开初始的工作表。

（2）输入筛选条件。

（3）使用高级筛选命令。

	A	B	C	D	E	F
1	某公司年度销售额统计表					
2	月份	销售额（万元）	占总产值百分比			
3	1月	￥160.00	1.21%		占总产值百分比	月份
4	2月	￥540.00	4.07%		>10%	
5	3月	￥980.00	7.38%			*3月*
6	4月	￥1,200.00	9.04%			
7	5月	￥1,680.00	12.65%			
8	6月	￥1,370.00	10.32%			
9	7月	￥954.00	7.18%			
10	8月	￥1,086.00	8.18%			
11	9月	￥827.00	6.23%			
12	10月	￥1,580.00	11.90%			
13	11月	￥1,890.00	14.23%			
14	12月	￥1,011.00	7.61%			
15	销售总额	￥13,278.00				
16						
17	月份	销售额（万元）	占总产值百分比			
18	3月	￥980.00	7.38%			
19	5月	￥1,680.00	12.65%			
20	6月	￥1,370.00	10.32%			
21	10月	￥1,580.00	11.90%			
22	11月	￥1,890.00	14.23%			

图2-154 查找特定信息

4. 创建"员工医疗费用统计图表"的数据透视表，如图2-155所示。

（1）打开初始的工作表。

（2）创建空白透视图表。

（3）拖动字段。

所属部门	(全部)								
求和项:医疗费用	医疗种类								
员工姓名	理疗费	手术费	输血费	输液费	体检费	药品费	针灸费	住院费	总计
白雪						200			200
黄岘					150				150
李想		1500							1500
陆谦						250			250
苏攸攸				320					320
王荣								900	900
肖雅娟			1400						1400
谢小磊						330			330
徐小旭							380		380
杨小茉						550			550
张晴晴								800	800
赵峥嵘	180								180
总计	180	1500	1400	320	150	1330	380	1700	6960

图2-155　创建数据透视表

项目 三

演示文稿制作

素养目标

1. 通过学习"学院简介"演示文稿的创建，培养学生的爱国情怀，在制作演示文稿的过程中，学生深入了解学院的历史、文化和发展成就，增强对学校的认同感和归属感，从而激发热爱校园、热爱祖国的情感。

2. 通过美化"学院简介"演示文稿，培养学生审美意识与工匠精神，在美化演示文稿的过程中，引导学生关注细节，追求卓越，培养精益求精的态度和对高品质作品的追求。同时，通过反复调整和完善设计，让学生体会到工匠精神的重要性。

3. 通过设置"学院简介"演示文稿多媒体效果，增强社会责任感与职业素养，引导学生认识到多媒体技术不仅是工具，更是传递信息、服务社会的重要手段。通过实践，培养学生的责任感和高效执行的职业素养。

学习目标

1. 熟悉 WPS Office 的演示文稿界面，掌握演示文稿的基本操作。
2. 掌握幻灯片模板的编辑方法。
3. 掌握形状、文本框、图片、艺术字、智能图形、表格和图表的插入。
4. 掌握多媒体对象的设置与应用。
5. 可以设置幻灯片的切换效果与幻灯片中各对象的动画效果。

任务 10　创建"学院简介"演示文稿

任务描述

本任务将实现在 WPS 演示文稿中创建新演示文稿。通过对本任务相关知识的学习和实践，要求学生掌握演示文稿的制作流程、幻灯片的基本操作、幻灯片文本的设计原则、模板和母板的设计与应用、输出演示文稿、并完成"学院简介"演示文稿的创建。效果如图 3－1 所示。

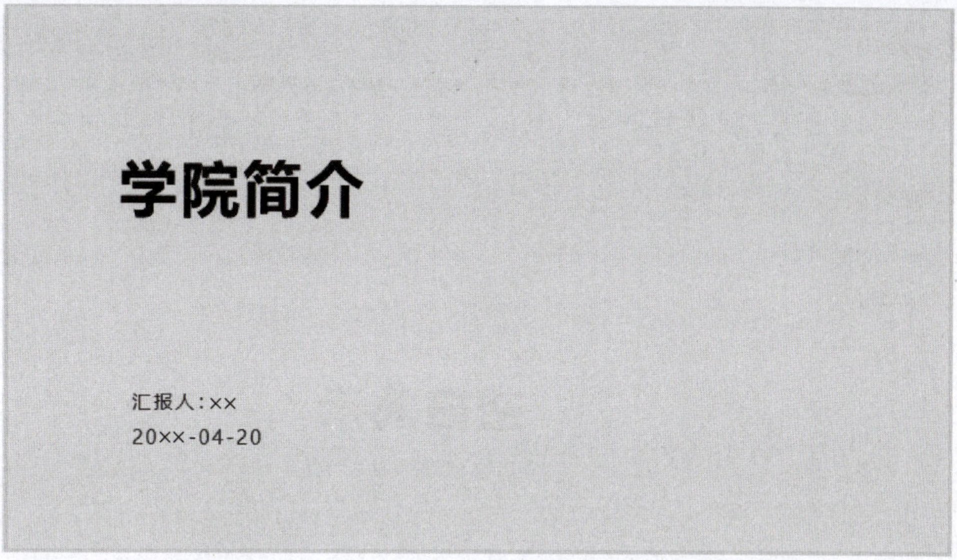

图3-1 创建"学院简介"演示文稿

相关知识

（一）WPS Office 的演示文稿操作界面

演示文稿是 WPS Office 软件包中的一个模块，为用户提供了一个全面的幻灯片制作和展示解决方案。它不仅拥有多样的模板和丰富的设计元素，还支持高级的动画效果和幻灯片过渡效果，使得创建引人注目的演示变得简单易行。无论是商业汇报、教学讲座还是营销推广，WPS 演示文稿都能够协助用户将信息以清晰、专业的方式传达给观众。此外，它的兼容性强，可以打开和编辑多种演示文件格式，包括微软 PowerPoint 的 .ppt 和 .pptx 文件，确保了用户可以无缝地在不同的平台和环境之间工作。

1. 创建演示文稿

启动 WPS Office，单击"首页"上的"新建"按钮➕，打开"新建"选项卡，单击"新建演示"命令，然后单击"新建空白演示"，新建"演示文稿1"，如图3-2所示。

与 WPS 文字相同，WPS 演示的功能区以功能组的形式管理相应的命令按钮。大多数功能组右下角都有一个称为功能扩展按钮的图标▫，将鼠标指向该按钮时，可以预览对应的对话框或窗格；单击该按钮，可打开相应的对话框或者窗格。

WPS 演示默认以普通视图显示，左侧是幻灯片窗格，显示当前演示文稿中的幻灯片缩略图，橙色边框包围的缩略图为当前幻灯片。右侧的编辑窗格显示当前幻灯片。

2. 保存演示文稿

在编辑演示文稿的过程中，随时保存演示文稿是个很好的习惯，以免因为断电等意外导致数据丢失。WPS Office 演示文稿保存的文件类型默认扩展名为 .pptx，也可以根据需要选择其他的文件类型，例如，.dps、.dpt、.ppt、.pot、.pps、.html、.pdf、.jpg 等。

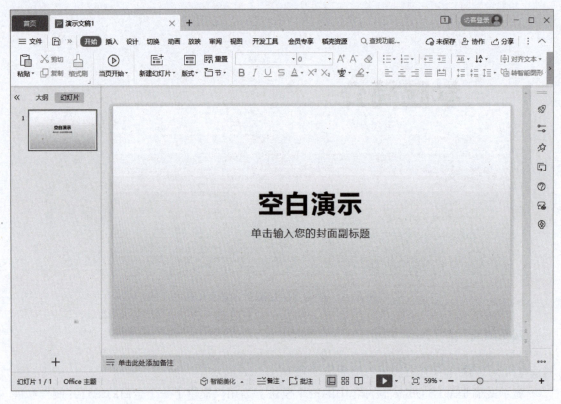

图 3 - 2　新建演示文稿

在 WPS 中保存演示文稿有以下 3 种常用的方法：

（1）单击快速访问工具栏上的"保存"按钮 。

（2）按快捷键 Ctrl + S。

（3）单击菜单栏中的"文件"菜单→"保存"命令。

如果文件已经保存过，执行以上操作，将用新文件内容覆盖原有的内容；如果是首次保存文件，则打开图 3 - 3 所示的"另存文件"对话框，指定文件的保存路径、名称和类型。设置完成后，单击"保存"按钮关闭对话框。

（二）演示文稿的制作流程

演示文稿的制作流程通常包括以下几个步骤，这些步骤可以帮助用户高效地规划和完成一个高质量的演示文稿。

1. 明确受众目标

确定演示文稿的目的。是为了教学、汇报、宣传还是其他用途？了解观众的背景、需求和兴趣点，以便调整内容和风格。

2. 规划结构与内容

制定清晰的演示框架，包括封面页、目录页、主体内容、总结页等内容的规划。

图 3 – 3 "另存文件"对话框

3. 选择模板与设计风格

根据演示的主题选择合适的模板或自定义母版，确定配色方案、字体样式和整体视觉风格，确保与内容主题相匹配。

4. 添加内容与素材

在幻灯片中添加文字、图片、表格、图表、视频等元素。避免页面过于拥挤，合理利用空白区域。

5. 设置动画与切换动画

为文字、图片等对象添加适当的动画效果，增强视觉吸引力。设置幻灯片之间的过渡效果，使演示更加流畅自然。

6. 检查与优化

检查拼写、语法和格式，确保内容无误。测试播放演示文稿，查看动画效果和过渡效果是否符合预期。调整细节，优化整体效果。

7. 保存与分享

将文件保存为合适的格式（如 .pptx 或 .pdf），便于分享和使用。

（三）幻灯片的基本操作

一个完整的演示文稿通常会包含丰富的版式和内容，与之对应的是一定数量的幻灯片。幻灯片的基本操作包括新建幻灯片、删除幻灯片以及播放幻灯片。

1. 新建幻灯片

新建的空白演示文稿默认只有一张幻灯片，而要演示的内容通常不可能在一张幻灯片上完全展示，这就需要在演示文稿中添加幻灯片。通常在"普通"视图中新建幻灯片。

（1）切换到"普通"视图，将鼠标指针移到左侧窗格中的幻灯片缩略图上，缩略图底部显示"从当前开始"按钮和"新建幻灯片"按钮。

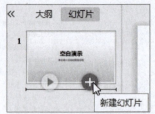

（2）单击"新建幻灯片"按钮（见图3-4），或单击左侧窗格底部的"新建幻灯片"按钮 ＋ ，打开"新建幻灯片"对话框，显示各类幻灯片的推荐版式，如图3-5所示。

图3-4 在"普通"视图中新建幻灯片

图3-5 "新建幻灯片"对话框

（3）单击需要的版式，即可下载并创建一张新幻灯片，窗口右侧自动展开"设置"任务窗格，用于修改幻灯片的配色、样式和演示动画。

（4）在要插入幻灯片的位置右击，在右键菜单中单击"新建幻灯片"命令，可以在指定位置新建一个不包含内容和布局的空白幻灯片，如图3-6所示。

（5）单击占位符中的任意位置，虚线边框四周显示控制手柄，提示文本消失，在光标闪烁处可以输入文本。输入的文本到达占位符边界时自动转行。

图3-6 使用右键菜单新建的幻灯片

✏️ 提 示

在 WPS 幻灯片中输入文本时只支持"插入"输入方式,不支持"改写"方式。

(6)单击占位符中的图标按钮,打开对应的插入对话框,可以插入表格、图表、图片和媒体元素。

(7)输入完毕,单击幻灯片的空白区域。

(8)在占位符中双击,利用图3-7所示的浮动工具栏修改占位符的文本格式。如果要设置更多的格式,选中文本后,利用图3-8所示的"文本工具"选项卡可以修改格式。

图3-7 浮动工具栏

图3-8 "文本工具"选项卡

2. 删除幻灯片

删除幻灯片的操作很简单,选中要删除的幻灯片之后,直接按键盘上的 Delete 键;或右击,在弹出的右键菜单中单击"删除幻灯片"命令。删除幻灯片后,其他幻灯片的编号将自动重新排序。

3. 播放幻灯片

如果要预览幻灯片的效果,可以播放幻灯片。

在 WPS 中,从当前选中的幻灯片开始播放的常用方法有以下四种:

（1）在状态栏上单击"从当前幻灯片开始播放"按钮▶，可从当前选中的幻灯片开始放映。

（2）按快捷键 Shift + F5。

（3）在"普通"视图中，将鼠标指针移到幻灯片缩略图上，单击"从当前开始"按钮▶。

（4）单击"放映"选项卡中的"当页开始"按钮⊙。

单击"放映"选项卡中的"从头开始"按钮⬏，从演示文稿的第一张幻灯片开始播放。

播放幻灯片时，就像打开一台真实的幻灯片放映机，在计算机屏幕上全屏呈现幻灯片。单击鼠标播放幻灯片动画，没有动画则进入下一页。在幻灯片上右击，在弹出的右键菜单中单击"结束放映"命令，即可退出幻灯片放映视图。

4. 复制幻灯片

如果要制作版式或内容相同的多张幻灯片，通过复制幻灯片可以提高工作效率。

（1）选择要复制的幻灯片。

选中要选取的第一张后，按住 Shift 键单击要选取的最后一张，选中连续的多张幻灯片；选中要选取的第一张后，按住 Ctrl 键单击要选取的其他幻灯片，选中不连续的多张幻灯片。

（2）选中幻灯片后，单击"开始"选项卡中的"复制"按钮 ⬚复制，然后单击要使用副本的位置，单击"开始"选项卡中的"粘贴"下拉按钮 ▤粘贴，在图 3 – 9 所示的下拉列表中选择一种粘贴方式。

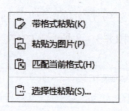

图 3 – 9 "粘贴"下拉列表

①带格式粘贴：按幻灯片的源格式粘贴。

②粘贴为图片：以图片形式粘贴，不能编辑幻灯片内容。

③匹配当前格式：按当前演示文稿的主题样式粘贴。

5. 移动幻灯片

默认情况下，幻灯片按编号顺序播放，如果要调整幻灯片的播放顺序，就要移动幻灯片。

（1）选中要移动的幻灯片，在幻灯片上按下左键拖动，指针显示为 ⬚，拖到的目的位置显示一条橙色的细线，如图 3 – 10 所示。

（2）释放鼠标，即可将选中的幻灯片移动指定位置，编号也随之重排，如图 3 – 11 所示。

图 3-10 移动幻灯片　　　　图 3-11 移动后的幻灯片列表

6. 隐藏幻灯片

如果暂时不需要某些幻灯片，但又不想删除，可以将幻灯片隐藏。隐藏的幻灯片在放映时不显示。

（1）在普通视图中选中要隐藏的幻灯片。

（2）右击，在右键菜单中选择"隐藏幻灯片"命令，或单击"放映"选项卡中的"隐藏幻灯片"按钮。

此时，在左侧窗格中可以看到隐藏的幻灯片淡化显示，且幻灯片编号上显示一条斜向的删除线，如图 3-12 所示。

隐藏的幻灯片尽管在放映时不显示，但并没有从演示文稿中删除。选中隐藏的幻灯片后，再次单击"隐藏幻灯片"命令即可取消隐藏。

（四）幻灯片文本的设计原则

在 WPS 演示文稿中，文本是传递信息的核心部分。合理设计幻灯片中的文本，不仅能提升视觉效果，还能帮助观众更好地理解内容。以下是幻灯片文本设计的几项重要原则：

图 3-12 隐藏幻灯片

1）简洁性原则

提炼关键信息：每张幻灯片的文字应尽量精简，避免大段文字堆砌。观众无法在短时间内阅读和理解过多的内容。

使用短句或关键词：将长句分解为短句或关键词，使信息更直观、易懂。

避免冗余：去掉不必要的修饰词，突出核心内容。

2）层次分明原则

分级结构：使用标题、副标题和正文的层级结构，帮助观众快速抓住重点。

项目符号与编号：通过分条列出要点，增强逻辑性和条理性。

字体大小区分：标题通常使用较大的字号，正文使用较小的字号，以体现层次感。

3）字体的选择原则

选择尽量易读的字体（如微软雅黑、黑体和宋体），遵循标题字号大于正文字号大于注释字号的原则，确保字体颜色与背景形成鲜明对比，提升可读性。例如，深色背景搭配浅色文字，浅色背景搭配深色文字。

4）对齐与间距原则

对齐方式：文字应对齐排列（左对齐、居中对齐或右对齐），保持视觉上的整齐感。

行间距与段落间距：适当增加行间距和段落间距，避免内容显得过于紧凑。

留白区域：合理利用空白区域，避免页面过于拥挤。

5）一致性原则

统一风格：全文的字体、字号、颜色和排版风格应保持一致，增强整体的专业感。

母版应用：利用幻灯片母版统一设置标题、正文、日期、页脚等元素的样式，确保所有幻灯片风格一致。

6）图文结合原则

辅助说明：结合图片、图标或图形辅助说明文字内容，使信息更直观。

避免纯文字幻灯片：适当加入视觉元素，提升吸引力。

平衡布局：确保文字与图片的比例协调。

（五）模板和母版的设计与应用

1. 应用模板

对于初学者来说，在创建演示文稿时，如果没有特殊的构想，要创作出专业水平的演示文稿，使用设计模板是一个很好的开始。使用模板可使用户集中精力创建文稿的内容，而不用考虑文稿的配色、布局等整体风格。

1）套用设计模板

设计模板决定了幻灯片的主要版式、文本格式、颜色配置和背景样式。

（1）如果要应用WPS内置的或在线的设计模板，在"设计"选项卡的"设计方案"下拉列表框中选择需要的模板，如图3-13所示。单击"更多设计"按钮，可打开在线设计方案库，在海量模板中搜索模板。

（2）单击模板图标，打开对应的设计方案对话框，显示该模板中的所有版式页面，如图3-14所示。

（3）如果仅在当前演示文稿中套用模板的风格，单击"应用美化"按钮；如果要在当前演示文稿中插入模板的所有页面，单击选中需要的版式页面，"应用美化"按钮显示为"应用并插入"，单击该按钮。插入并应用模板风格的幻灯片效果如图3-15所示。

图 3 – 13 选择设计模板

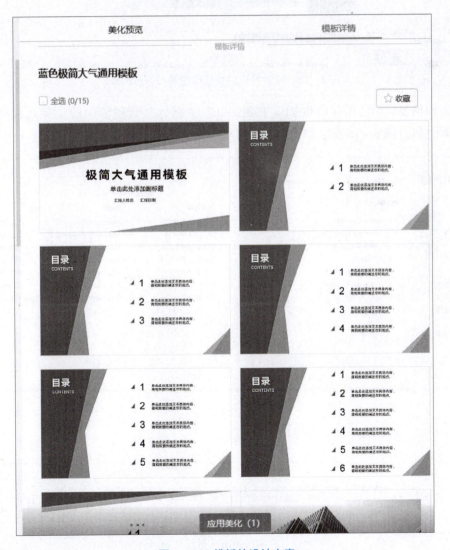

图 3 – 14 模板的设计方案

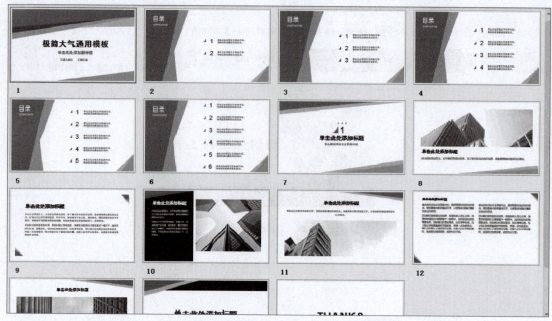

图 3-15　插入并应用模板风格的幻灯片效果

（4）如果要套用已保存的模板或主题，单击"设计"选项卡中的"导入模板"按钮 📋 导入模板，打开图 3-16 所示的"应用设计模板"对话框。

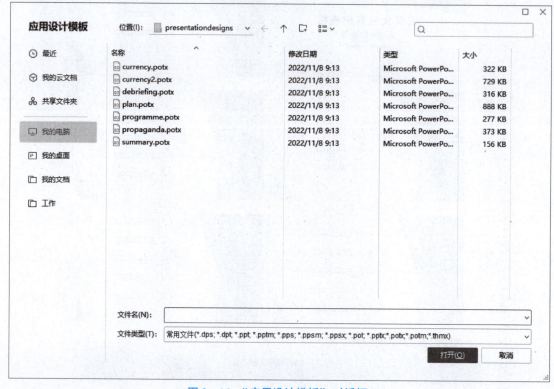

图 3-16　"应用设计模板"对话框

（5）在模板列表中选中需要的模板，单击"打开"按钮，选中的模板即可应用到当前演示文稿中的所有幻灯片。

（6）如果要取消当前套用的模板，在"设计"选项卡中单击"本文模板"按钮 本文模板，在图 3－17 所示的对话框中单击"套用空白模板"按钮，然后单击"应用当前页"按钮或"应用全部页"按钮。

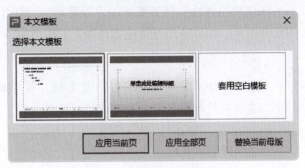

图 3－17 "本文模板"对话框

2）修改背景和配色方案

套用模板后，还可以修改演示文稿的背景样式和配色方案。

（1）如果要修改文档的背景样式，单击"背景"下拉按钮 背景，在图 3－18 所示的背景颜色列表中单击需要的颜色。

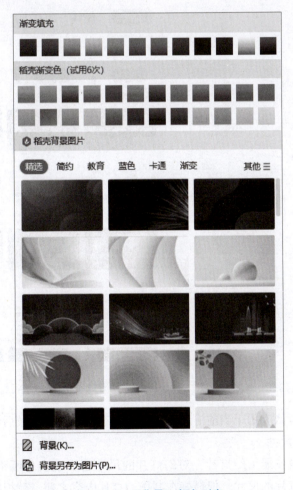

图 3－18 "背景"颜色列表

（2）如果要对背景样式进行自定义设置，在"背景"下拉列表中单击"背景"命令，打开图 3-19 所示的"对象属性"任务窗格进行设置。

在"对象属性"任务窗格中可以看到，幻灯片的背景样式可以是纯色、渐变色、纹理、图案和图片。在一张幻灯片或者母版上只能使用一种背景类型。

> **注意**
>
> 如果勾选"隐藏背景图形"复选框，则母版的图形和文本不会显示在当前幻灯片中。在讲义的母版视图中不能使用该选项。

设置的背景默认仅应用于当前幻灯片，单击"全部应用"按钮，可以应用于当前演示文稿中的全部幻灯片和母版。单击"重置背景"按钮，取消背景设置。

（3）如果要修改整个文档的配色方案，单击"配色方案"下拉按钮 ，在图 3-20 所示的颜色组合列表中单击需要的主题颜色。

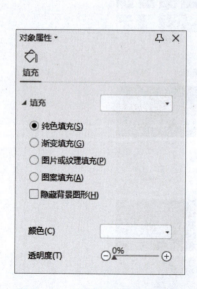

图 3-19　"对象属性"任务窗格

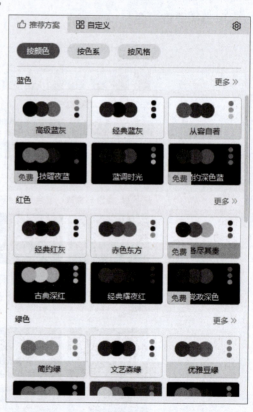

图 3-20　配色方案列表

选中的配色方案默认应用于当前演示文稿中的所有幻灯片，以及后续新建的幻灯片。

3）更改幻灯片的尺寸

使用不同的放映设备展示幻灯片，对幻灯片的尺寸要求也会有所不同。在 WPS 演示中可以很方便地修改幻灯片的尺寸，但最好在制作幻灯片内容之前，就根据放映设备确定幻灯片的大小，以免后期修改影响版面布局。

（1）单击"设计"选项卡中的"幻灯片大小"下拉按钮 ，在图 3-21 所示的下拉列表中，根据放映设备的尺寸选择幻灯片的长宽比例。

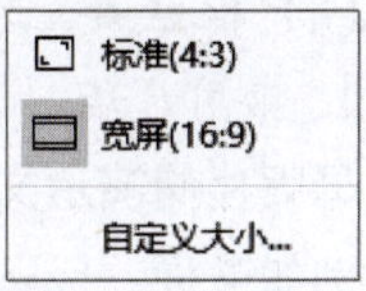

（2）如果没有合适的尺寸，单击"自定义大小"命令，或单击"设计"选项卡中的"页面设置"按钮 ，打开图 3-22 所示的"页面设置"对话框。

图 3-21 "幻灯片大小"下拉列表

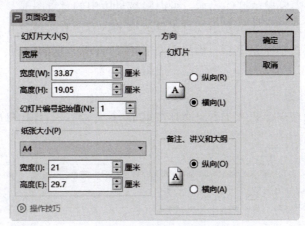

图 3-22 "页面设置"对话框

（3）在"幻灯片大小"下拉列表框中可以选择预设大小，如果选择"自定义"，可以在"宽度"和"高度"数值框中自定义幻灯片大小。

✏️ 提 示

在"页面设置"对话框中，"纸张大小"下拉列表框用于设置打印幻灯片的纸张大小，并非幻灯片的尺寸。

（4）修改幻灯片尺寸后，单击"确定"按钮，打开图 3-23 所示的"页面缩放选项"对话框。

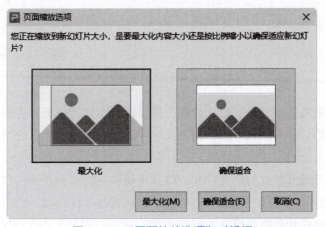

图 3-23 "页面缩放选项"对话框

（5）根据需要选择幻灯片缩放的方式，通常选择"确保适合"按钮。

2. 应用母版

母版存储演示文稿的配色方案、字体、版式等设计信息，以及所有幻灯片共有的页面元素，例如徽标、Logo、页眉页脚等。修改母版后，所有基于母版的幻灯片自动更新。

设计幻灯片母版通常遵循以下几个原则：

（1）几乎每一张幻灯片都有的元素放在幻灯片母版中。如果有个别页面（如封面页、封底页和过渡页）不需要显示这些元素，可以隐藏母版中的背景图形。

（2）在特定的版式中需要重复出现且无须改变的内容，直接放置在对应的版式页。

（3）在特定的版式中需要重复，但是具体内容又有所区别的内容，可以插入对应类别的占位符。

1）认识幻灯片母版

单击"视图"选项卡中的"幻灯片母版"按钮 ，进入幻灯片母版视图，如图3-24所示。

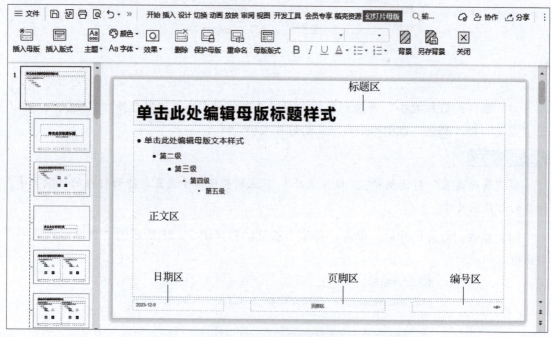

图3-24　幻灯片母版视图

母版视图左侧窗格显示母版和版式列表，最顶端为幻灯片母版，控制演示文稿中除标题幻灯片以外的所有幻灯片的默认外观，例如文字的格式、位置、项目符号、配色方案以及图形项目。

右侧窗格显示母版或版式幻灯片。在幻灯片母版中可以看到5个占位符：标题区、正文区、日期区、页脚区、编号区。修改它们可以影响所有基于该母版的幻灯片。

标题区：用于格式化所有幻灯片的标题。

正文区：用于格式化所有幻灯片的主体文字、项目符号和编号等。

日期区：用于在幻灯片上添加、定位和格式化日期。

页脚区：用于在幻灯片上添加、定位和格式化页脚内容。

编号区：用于在幻灯片上添加、定位和格式化页面编号，例如页码。

幻灯片母版下方是标题幻灯片，通常是演示文稿中的封面幻灯片。标题幻灯片下方是幻灯片版式列表，包含在特定的版式中需要重复出现且无须改变的内容。如果在特定的版式中需要重复，但是具体内容又有所区别的内容，可以插入对应类别的占位符。

> **注意**
>
> 　　最好在创建幻灯片之前编辑幻灯片母版和版式。这样，添加到演示文稿中的所有幻灯片都会基于指定版式。如果在创建各张幻灯片之后编辑幻灯片母版或版式，则需要在普通视图中将更改的布局重新应用到演示文稿中的现有幻灯片。

2）设计母版主题

主题是一组预定义的字体、配色方案、效果和背景样式。使用主题可以快速格式化演示文稿的总体设计。

（1）打开一个演示文稿。可以是空白演示文稿，也可以是基于主题创建的演示文稿。

（2）单击"视图"选项卡中的"幻灯片母版"按钮，切换到"幻灯片母版"视图。

（3）单击"幻灯片母版"选项卡中的"主题"下拉按钮，在图3-25所示的主题列表中单击需要的主题。应用主题后，整个演示文稿的总体设计，包括字体、配色和效果都随之进行变化。

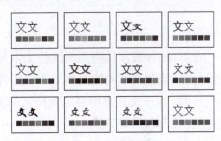

图3-25　内置的主题列表

（4）单击"颜色"按钮、"字体"按钮Aa和"效果"按钮，设置主题颜色、主题字体和主题效果，自定义文稿的总体设计。

（5）单击"背景"按钮，在编辑窗口右侧如图3-26所示的"对象属性"任务窗格中设置母版的背景样式。与其他主题元素一样，设置幻灯片母版的背景样式后，所有幻灯片都自动应用指定的背景样式。

通常情况下，标题幻灯片的背景与内容幻灯片的背景有所不同，所以需要单独修改标题幻灯片的背景。

（6）选中幻灯片母版下方的标题幻灯片，单击"幻灯片母版"选项卡中的"背景"按钮，打开"对象属性"任务窗格，修改标题幻灯片的背景。修改标题幻灯片的背景样式后，其他幻灯片的背景不会改变。

3）设计母版文本格式

母版的文本包括标题文本和正文文本。

（1）选中标题文本，利用打开的浮动工具栏，可以很方便地设置标题文本的字体、字号、字形、颜色和对齐方式等属性，如图3-27所示。

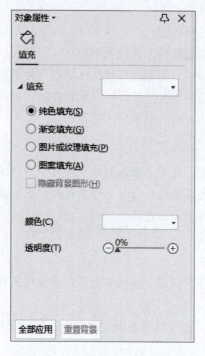

图 3 – 26　"对象属性"任务窗格

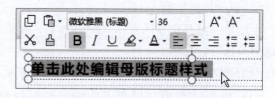

图 3 – 27　设置标题文本格式

幻灯片母版默认将正文区的文本显示为五级项目列表，用户可以根据需要设置各级文本的样式，修改文本的缩进格式和显示外观。

（2）在正文区选中要定义格式的文本，在打开的浮动工具栏中设置文本的字体、字号、字形、颜色和对齐方式。

4）设计母版版式

幻灯片母版中默认设置了多种常见版式，用户还可以根据版面设计需要，添加自定义版式。在版式中插入页面元素，将自动调整为母版中指定的大小、位置和样式。

（1）在幻灯片母版视图的左侧窗格中定位要插入版式幻灯片的位置，然后单击"幻灯片母版"选项卡中的"插入版式"按钮，即可在指定位置添加一个只有标题占位符的幻灯片，如图 3 – 28 所示。

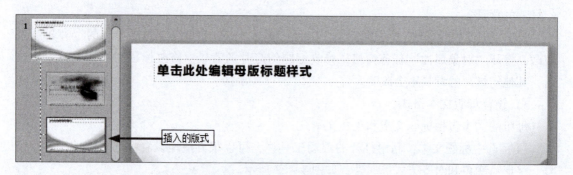

图 3 – 28　插入的版式幻灯片

WPS 演示中并不能直接插入新的占位符，如果要添加内容占位符，可复制其他版式中已有的占位符。

（2）在左侧窗格中定位到包含需要的占位符的版式，复制其中的占位符，然后粘贴到新建的版式中，如图 3-29 所示。

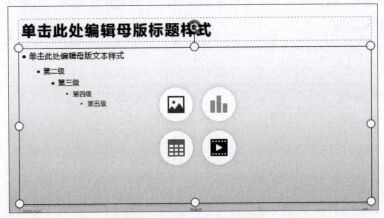

图 3-29 粘贴图片占位符

（3）拖动占位符边框上的圆形控制手柄，可以调整占位符的大小；将鼠标指针移到占位符的边框上，指针显示为四向箭头时，按下左键拖动，可以移动占位符；选中占位符，按 Delete 键可删除占位符。

（4）选中占位符，在"绘图工具"选项卡中可以设置占位符的外观样式。选中要设置格式的文本，利用浮动工具栏设置文本的格式。

默认情况下，版式幻灯片"继承"幻灯片母版中的日期区、页脚区和编号区。

（5）如果不希望在当前版式中显示日期区、页脚区和编号区的内容，选中占位符后按 Delete 键，其他版式幻灯片不受影响。

> **注意**
>
> 格式化"幻灯片编号"占位符时，应选中占位符中的 <#> 设置格式，千万不能删除，然后用文本框输入"<#>"；也不能用格式刷将其格式化为普通文本，否则会失去占位符的功能。

（6）设置完毕，在"幻灯片母版"选项卡中单击"关闭"按钮☒，退出幻灯片母版视图。

此时，单击"开始"选项卡中的"版式"下拉按钮，在打开的母版版式列表中可以看到自定义的版式，单击自定义版式，当前的幻灯片版式即可更改为指定的版式。

（六）输出演示文稿

WPS Office 提供了多种输出演示文稿的方式，除了保存为 WPS 演示文件（*.dps）和 PowerPoint 演示文件（.pptx 或 .ppt），还可以转换为 PDF 文档、视频、PowerPoint 放映文件和图片等多种广泛应用的文档格式，满足不同用户的需求。

1. 转换为 PDF 文档

PDF 是 Adobe 公司用于存储与分发文件而发展起来的一种文件格式，能跨平台保留文件原有布局、格式、字体和图像，还能避免他人对文件进行更改。PDF 文件可以利用 Adobe Acrobat Reader 软件，或安装了 Adobe Reader 插件的网络浏览器进行阅读。

（1）打开演示文稿，单击"文件"菜单→"输出为 PDF"命令，打开图 3 – 30 所示的"输出为 PDF"对话框。

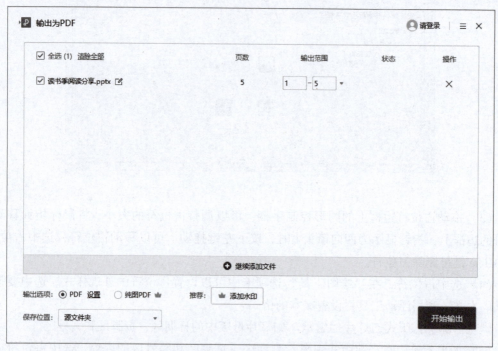

图 3 – 30　"输出为 PDF"对话框

（2）选中要输出为 PDF 的文件，并指定保存 PDF 文件的目录。

（3）如果要设置输出内容和 PDF 文件的权限，单击"设置"选项，打开图 3 – 31 所示的"设置"对话框。

（4）在"输出内容"选项区域选择要输出为 PDF 的幻灯片内容。如果选择"讲义"，还可以指定每一页上显示的幻灯片数量，以及幻灯片的排列方向。

（5）如果要设置输出的 PDF 文件的权限，勾选"权限设置"右侧的复选框，并设置密码，然后设置文件的编辑权限，如图 3 – 32 所示。

（6）设置完成后，单击"确定"按钮返回"输出为 PDF"对话框。然后单击"开始输出"按钮，开始创建 PDF 文档。创建完成后，默认自动启动相应的阅读器查看创建的 PDF 文档。

2. 输出为视频

在 WPS Office 中，将演示文稿输出为 WEBM 视频，可以很方便地与他人共享。即便对方的计算机上没有安装演示软件，也能流畅地观看演示效果。输出的视频保留所有动画效果和切换效果、插入的音频和视频，以及排练计时和墨迹笔画。

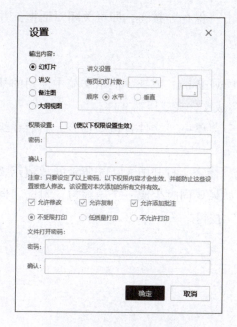

图 3-31　"设置"对话框

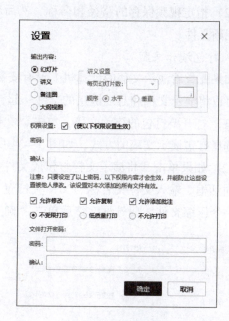

图 3-32　设置权限

（1）打开演示文稿，单击"文件"菜单→"另存为"→"输出为视频"命令，打开图 3-33 所示的"另存文件"对话框。

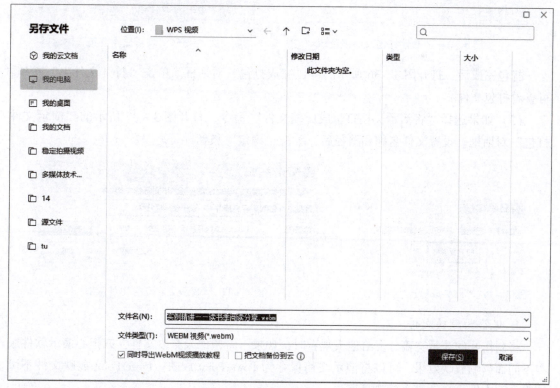

图 3-33　"另存文件"对话框

（2）指定视频保存的路径和名称，然后单击"保存"按钮，即可关闭对话框，并开始创建视频文件。

3. 打包演示文稿

如果要查看演示文稿的计算机上没有安装 PowerPoint，或缺少演示文稿中使用的某些字体，可以将演示文档和与之链接的文件一起打包成文件夹或压缩文件。

（1）打开要打包的演示文稿，单击"文件"菜单→"文件打包"命令，然后在级联菜单中选择打包演示文稿的方式，如图 3-34 所示。

（2）如果单击"将演示文档打包成文件夹"命令，打开图 3-35 所示的"演示文件打包"对话框。输入文件夹名称与文件夹位置，如果要同时生成一个压缩包，勾选"同时打包成一个压缩文件"复选框，然后单击"确定"按钮。

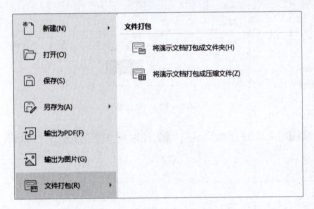

图 3-34 "文件打包"级联菜单

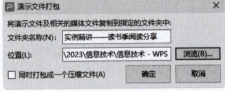

图 3-35 "演示文件打包"对话框

打包完成后，打开图 3-36 所示的"已完成打包"对话框。单击"打开文件夹"按钮，可查看打包文件。

（3）如果选择"将演示文档打包成压缩文件"命令，打开图 3-37 所示的"演示文件打包"对话框。设置文件名称和路径后，单击"确定"按钮即可。

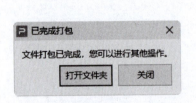

图 3-36 "已完成打包"对话框

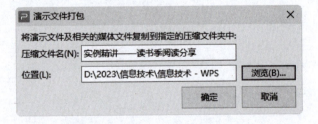

图 3-37 "演示文件打包"对话框

4. 保存为放映文件

将制作好的演示文稿分发给他人观看时，如果不希望他人修改文件，或担心演示软件版本不同而影响放映效果，可以将演示文稿保存为 PowerPoint 放映。PowerPoint 放映文件不可编辑，双击即可自动进入放映状态。

（1）打开演示文稿，单击"文件"菜单→"另存为"→"PowerPoint 97—2003 放映文

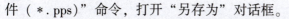

件（*.pps）"命令，打开"另存为"对话框。

（2）在打开的"另存为"对话框中指定保存文件的路径和名称，然后单击"保存"按钮。

此时，双击保存的放映文件，即可开始自动放映。

> **注意**
>
> 如果要在其他计算机上播放放映文件，应将演示文稿链接的音频、视频等文件一起复制，并放置在同一个文件夹中。否则，放映文件时，链接的内容可能无法显示。

5. 转为文字文档

将演示文稿转为文字文档，可作为讲义辅助演讲。

（1）打开要进行转换的演示文稿。

（2）单击"文件"菜单→"另存为"→"转为 WPS 文字文档"命令，打开如图 3 – 38 所示的"转为 WPS 文字文档"对话框。

图 3 – 38 "转为 WPS 文字文档"对话框

（3）选择要进行转换的幻灯片范围，可以是演示文稿中的所有幻灯片、当前幻灯片或选定的幻灯片，还可以通过输入幻灯片编号指定幻灯片范围。

（4）在"转换后版式"选项区域选择幻灯片内容转换到文字文件中的版式，在"版式预览"区域可以看到相应的版式效果。

（5）在"转换内容包括"选项区域设置要转换到文字文件中的内容。

注意

将演示文稿导出为文字文档时，只能转换占位符中的文本，不能转换文本框中的文本。

（6）设置完成后，单击"确定"按钮关闭对话框。

任务实施

（一）新建演示文稿

（1）启动 WPS，单击"首页"上的"新建"按钮➕，单击"新建演示"按钮，进入创建新建演示界面，单击"新建空白演示"按钮，以白色为背景新建演示文稿，如图 3 – 39 所示。

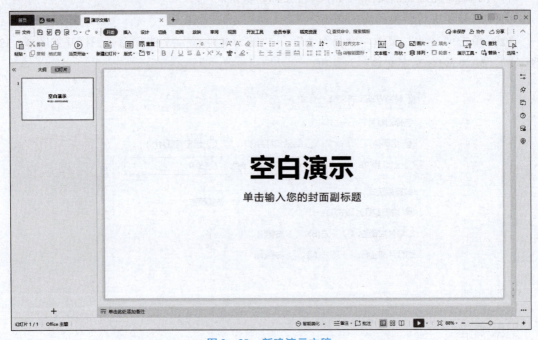

图 3 – 39　新建演示文稿

（二）保存并输出演示文稿

（1）单击"文件"菜单→"输出为 PDF"命令，弹出"编辑内容未保存"对话框，如图 3 – 40 所示，单击"保存"按钮，弹出"另存文件"对话框，指定保存位置，输入文件名为"学院简介"，单击"保存"按钮，保存文件。

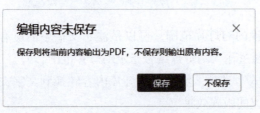

图 3 – 40　"编辑内容未保存"对话框

（2）保存文件后弹出"输出为 PDF 对话框"，选中要输出的"学院简介"演示文稿，并指定保存 PDF 文件的目录，单击"开始输出"按钮完成演示文稿的输出。

（三）编辑幻灯片母版

（1）单击"视图"选项卡中的"幻灯片母版"按钮▤，切换到幻灯片母版视图。

（2）选中幻灯片母版，单击"幻灯片母版"选项卡中的"背景"按钮▧，打开"对象属性"窗格，选中"纯色填充"单选按钮，设置填充颜色为"金色，着色5，浅色80%"，如图 3 – 41 所示。

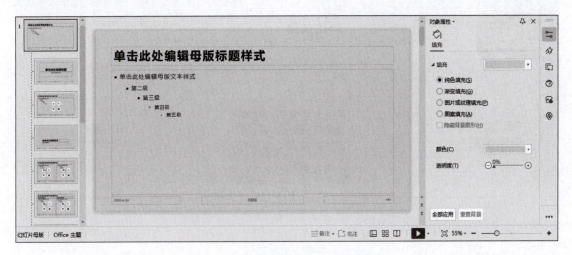

图 3 – 41　设置幻灯片母版的背景颜色

（3）单击"幻灯片母版"选项卡中的"关闭"按钮⊠，退出幻灯片母版视图。

（四）文本编辑

（1）在标题文本框中输入"学院简介"文本并保持默认标题格式，在副标题文本框中输入文本，设置字体为"微软雅黑"，字号为20，段落为左对齐。

（2）选中并移动标题文本框和副标题文本框，结果如图 3 – 1 所示。

（3）单击快速访问工具栏上的"保存"按钮▭，保存演示文稿。

任务 11　美化"学院简介"演示文稿

任务描述

本任务将实现在 WPS 演示文稿中对已有演示文稿进行美化修饰。通过对本任务相关知识的学习和实践，要求学生掌握形状、文本框、图片、艺术字、表格、图表和智能图形的插入与编辑，并完成"学院简介"演示文稿的美化。效果如图 3 – 42 所示。

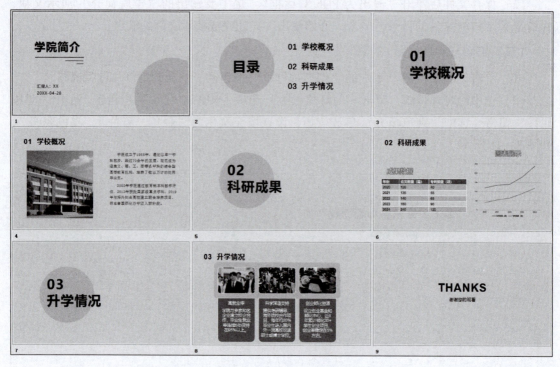

图 3-42　美化"学院介绍"演示文稿效果

相关知识

(一)　幻灯片对象的布局

1. 插入形状与文本框

在演示文稿中,通过恰当地使用形状和文本框,设计师可以创造出清晰且吸引人的视觉效果,同时也帮助读者更易于理解和吸收所传达的信息。

1)　插入形状

单击"插入"选项卡中的"形状"下拉按钮，打开"形状"下拉列表,其中包括线条、矩形、基本形状、箭头总汇、公式形状、流程图、星与旗帜、标注等形状。单击所需形状,然后在幻灯片中拖动鼠标,即可画出所选形状图形。

2)　插入文本框

(1)单击"插入"选项卡中的"文本框"下拉按钮，打开图 3-43 所示的下拉列表,单击任意命令。当鼠标指针变为一个十字形状时,把它移到要绘制文本框起点处,按住左键并拖动到目标位置,释放鼠标,即可绘制出的空白文本框,如图 3-44 所示。

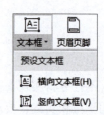

图 3-43　"文本框"
下拉列表

(2)在"对象属性"窗格中可以设置文本框的填充颜色、线条及颜色、效果、大小和属性;还可以设置文本框中文本的填充颜色、文本轮廓、文本效果以及文本对齐方式等,如图 3-45 所示。

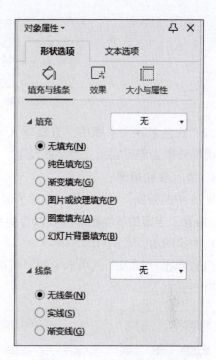

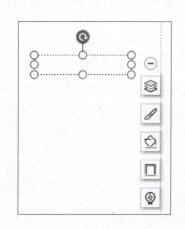

图 3-44　绘制文本框　　　　　　　图 3-45　"对象属性"窗格

2. 插入图片

在 WPS 演示中，使用"插入"选项卡中的"图片"下拉按钮插入图片的方法与 WPS 文字相同，在此不再赘述。

下面简要介绍使用占位符中的图片图标插入图片的方法。

（1）在幻灯片的内容占位符中单击"插入图片"图标，打开"插入图片"对话框。

（2）选中需要的图片后，单击"打开"按钮，即可将指定图片插入幻灯片。

（3）选中图片后，单击"图片工具"选项卡中的"替换图片"按钮，打开"更改图片"对话框，选择需要的图片后，单击"打开"按钮，即可替换图片。

除了可以很方便地在同一张幻灯片中插入多张图片，WPS Office 还支持将多张图片一次性分别插入多张幻灯片。

单击"插入"选项卡中的"图片"下拉按钮，在打开的下拉列表中单击"分页插图"命令，在打开的"分页插入图片"对话框中，按住 Ctrl 键单击要插入的图片。如果要选中连续的图片，按住 Shift 键单击第一张和最后一张。然后单击"打开"按钮，即可自动新建幻灯片，并分页插入指定的图片。

3. 插入艺术字

艺术字在视觉设计中扮演了重要的角色，它通过独特的字体设计和排版布局，为文字赋予了美观和个性。

（1）单击"插入"选项卡中的"艺术字"下拉按钮，在打开的下拉列表中选择合适的艺术字样式，便出现带有艺术字效果的文本框，如图 3-46 所示。

图 3-46　插入艺术字文本框

（2）在艺术字文本框中，直接输入文本，并对输入的艺术字分别设置字体和字号等，在编辑框外单击即可完成艺术字的设定。

4. 插入智能图形

WPS 中的智能图形与 Office 中的 SmartArt 图形相同，用于直观地表达和交流信息。WPS Office 内置了丰富的智能图形，可以帮助用户轻松创建具有设计师水准的列表、流程图、组织结构图等图示。

（1）单击"插入"选项卡中的"智能图形"按钮，打开图 3-47 所示的"选择智能图形"对话框。

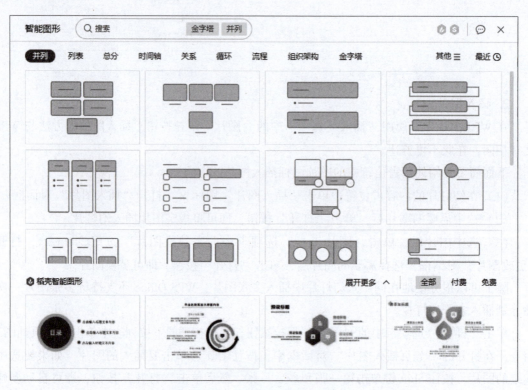

图 3-47　"选择智能图形"对话框

（2）选择图形类型，然后在中间窗格中选择需要的图形，右侧窗格中将显示选中图形的简要说明。

（3）单击"确定"按钮，即可在幻灯片中插入指定类型的智能图形。例如，插入的"蛇形图片题注列表"，如图 3-48 所示。

（4）单击智能图形中的文本占位符，可以直接输入文本。单击智能图形中的图片占位符，在打开的"插入图片"对话框中选择需要的图片，单击"打开"按钮，图片将以占位符指定的大小和样式显示。

智能图形默认的项目个数通常与实际需要不符，因此，往往需要在图形中添加或删除项目。

（5）在要添加项目的邻近位置选中一个项目，单击"设计"选项卡中的"添加项目"下拉按钮 ，打开图3-49所示的下拉列表，选择要添加的项目相对于当前选中项目的位置，即可在图形中添加项目。

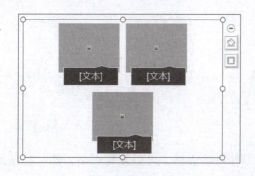
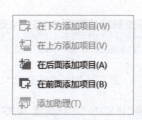

图3-48 蛇形图片题注列表　　　　　　图3-49 "添加项目"下拉菜单

（6）选中项目包含的文本占位符后，按Delete键，在智能图形中删除所选项目。

> **注意**
>
> 　如果选中项目中的图片占位符，按Delete键并不能删除选中的项目。

（7）选中项目后，单击右侧的"更改位置"图标 ，在打开的下拉菜单中单击"前移"按钮 或"后移"按钮 ，调整项目的排列顺序。

（8）对于有层次结构的智能图形，如果要调整项目的层级，选中项目后，单击"设计"选项卡中的"上移一层"按钮 或"下移一层"按钮 。

（9）单击智能图形的边框选中图形，单击"更改颜色"下拉按钮 ，在打开的配色方案中单击需要的颜色方案，即可应用到智能图形。

5. 插入表格

与WPS文字相同，在WPS演示文稿中，可以使用表格模型和"插入表格"对话框插入表格。

（1）切换到"普通"视图，单击"插入"选项卡中的"表格"下拉按钮 。在弹出的表格模型中移动鼠标指针，表格模型顶部显示当前选择的行数和列数，如图3-50所示。单击，即可在当前幻灯片中插入指定行列数的表格，且表格默认套用样式，如图3-51所示。

（2）在表格下拉列表中单击"插入表格"命令，打开图3-52所示的"插入表格"对话框，分别输入行数和列数后，单击"确定"按钮，即可插入一个自动套用样式的表格。

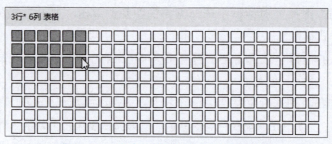

图 3 – 50　在表格模型中选择行数和列数

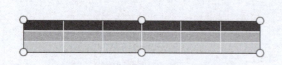

图 3 – 51　使用表格模型插入的表格

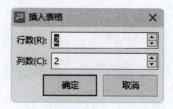

图 3 – 52　"插入表格"对话框

如果要利用 WPS 文字或者 WPS 表格中已制作好的表格，可以复制表格，然后粘贴到幻灯片中。

（3）单击要输入内容的单元格，然后在插入点输入文本。

在单元格中输入数据时，输入的内容到达单元格边界时自动换行。如果内容行数超过单元格高度，则自动向下扩充。

（4）单击其他单元格，输入内容。

提　示

默认情况下，按 Tab 键可以将插入点快速移到右侧相邻的单元格中；按 Shift + Tab 键可以选中左侧相邻单元格中的所有内容。如果插入点位于最后一行最右侧的单元格内容末尾，按 Tab 键将在表格的底部增加一个新行。

（5）输入完成后，单击表格之外的任意位置退出表格编辑状态。

（6）单击表格中的任意一个单元格，利用图 3 – 53 所示的"表格样式"选项卡可以设置表格样式。相关操作与在 WPS 文字中设置表格样式的方法相同，不再赘述。

图 3 – 53　"表格样式"选项卡

6. 插入图表

WPS 演示文稿中的图表与 WPS 电子表格中的图表支持的图表类型一致，数据编辑方式类似。

（1）在"插入"选项卡中单击"图表"按钮，打开"图表"对话框，如图 3 – 54 所示。在左侧窗格中可以看到各种图表类型，在右上窗格中可以看到每种图表类型中包含的一种或多种子类型图表。

（2）选择需要的图表，即可在演示文稿中插入图表。

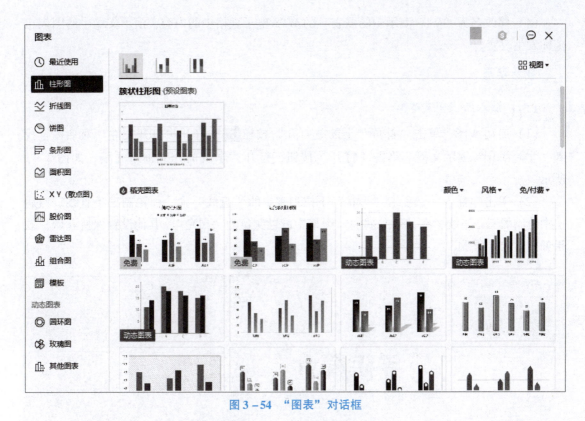

图 3-54 "图表"对话框

（3）选中演示文稿中插入的图表，在"图表工具"选项卡中单击"编辑数据"按钮 ，随后将打开一个名为"WPS 演示中的图表"的 WPS 电子表格，如图 3-55 所示。

图 3-55 WPS 演示中的图表

（4）修改名为"WPS 演示中的图表"的 WPS 电子表格中的内容，演示文稿中的图表也随即发生改变。

任务实施

（一）插入形状和文本框

（1）启动 WPS，单击"首页"上的"打开"按钮 ▇，打开"打开文件"对话框，找到"学院简介"演示文稿，单击"打开"按钮，打开"学院简介"演示文稿，如图 3-1 所示。

（2）单击"插入"选项卡"形状"下拉列表中的"直线"命令，绘制三条直线。然后选中绘制的三条直线，在"对象属性"窗格中设置颜色为"黑色"，其他设置保持默认，效果如图 3-56 所示。

图 3-56　插入"直线"形状

（3）单击"插入"选项卡"形状"下拉列表中的"椭圆"命令，按住 Shift 键的同时按住鼠标左键并拖动，绘制一个圆形。然后选中绘制的圆形，在"对象属性"窗格的"填充"选项组中选中"纯色填充"单选按钮，设置颜色为"热情的粉红，着色 6，浅色 60%"，透明度为"50%"，在"线条"选项组中选中"无线条"单选按钮，效果如图 3-57 所示。

（4）单击"视图"选项卡中的"幻灯片母版"按钮 ▣，切换到幻灯片母版视图。

（5）单击"幻灯片母版"选项卡中的"插入版式"按钮 ▣，新建一个版式。移动新建版式中原有的标题文本框。设置字体为"微软雅黑（标题）"，字号为 72，段落为左对齐。

（6）单击"插入"选项卡"形状"下拉列表中的"椭圆"按钮，按住 Shift 键的同时按住鼠标左键并拖动，绘制一个圆形。然后选中绘制的圆形，在"对象属性"窗格的"填充"选项组中选中"纯色填充"单选按钮，设置颜色为"热情的粉红，着色 6，浅色 60%"，透明度为"50%"，在"线条"选项组中选中"无线条"单选按钮。

图3-57　插入"椭圆"形状

（7）选中刚刚绘制的圆形，单击"绘图工具"选项卡中的"下移一层"按钮，直至圆形在标题栏下方，完成节母版的设计，结果如图3-58所示。

图3-58　设计节母版

（8）单击"幻灯片母版"选项卡中"关闭"按钮⊠，退出幻灯片母版视图。

（9）单击左侧窗格底部的"新建幻灯片"按钮　＋　，打开"新建幻灯片"对话框，新建四个节幻灯片并输入标题文本，结果如图3-59所示。

（10）切换到目录节幻灯片，单击"插入"选项卡"文本框"下拉列表中的"横向文本框"命令，绘制一个文本框，并输入文本。选中输入的文本，设置字体为"等线"，字号为44，加粗，结果如图3-60所示。

图 3 – 59　插入节幻灯片

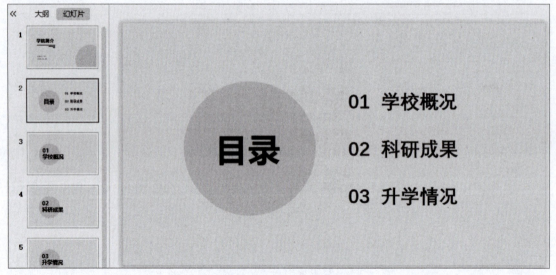

图 3 – 60　插入文本框

（二）插入图片

（1）单击左侧窗格底部的"新建幻灯片"按钮⊠，打开"新建幻灯片"对话框，新建一个图片与标题幻灯片并输入标题文本，结果如图 3 – 61 所示。

（2）单击图片占位符，在弹出的"插入图片"对话框中找到"学院"图片，单击"打开"按钮，插入图片，结果如图 3 – 62 所示。

（3）在右侧文字占位符中输入文本，文本字体为"宋体"，字号为 20，文字颜色为"白色，背景 1，深色 50%"，段落设置为首行缩进 2 字符，结果如图 3 – 63 所示。

图 3 – 61　新建图片与标题幻灯片

图 3 – 62　插入图片

图 3 – 63　输入文本

（4）选中图片与标题幻灯片，在幻灯片上按下左键拖动，指针显示为 ，拖到编号为4的节幻灯片下方，释放鼠标，即可将选中的幻灯片移到指定位置，编号也随之重排，结果如图 3-64 所示。

图 3-64　移动幻灯片

（三）插入艺术字

（1）切换到 02 科研成果节幻灯片，单击左侧窗格底部的"新建幻灯片"按钮 ＋ ，打开"新建幻灯片"对话框，新建一个仅标题的幻灯片并输入标题文本，结果如图 3-65 所示。

图 3-65　插入仅标题幻灯片1

（2）单击"插入"选项卡中的"艺术字"下拉按钮 ，在打开的下拉列表中选择"填充-白色，轮廓-着色5，阴影"样式，插入带有艺术字效果的文本框，输入文本，设置字体为"微软雅黑（标题）"，字号为36，结果如图3-66所示。

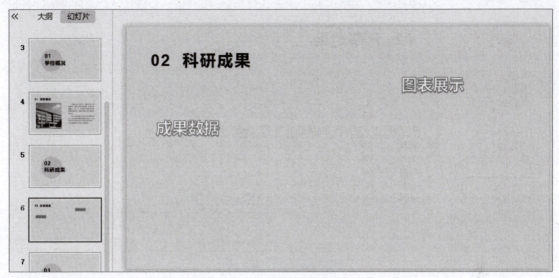

图3-66 插入艺术字

（四）插入表格

（1）单击"插入"选项卡中的"表格"下拉按钮，插入一个6行3列的表格，输入数据，调整表格行高与列宽，移动表格，结果如图3-67所示。

图3-67 插入表格

（五）插入图表

（1）单击"插入"选项卡中的"图表"按钮，在打开的"图表"对话框中选择"折线图"，在演示文稿中插入折线图，结果如图3-68所示。

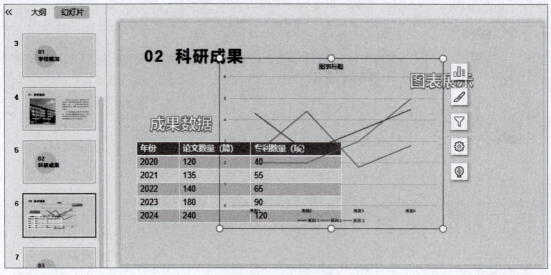

图 3 – 68　插入折线图

（2）选中插入的折线图，单击"图表工具"选项卡中的"编辑数据"按钮，修改随后打开的电子表格内容，如图 3 – 69 所示。

	A	B	C
1	年份	论文数量（篇）	专利数量（项）
2	2020	120	40
3	2021	135	55
4	2022	140	65
5	2023	180	90
6	2024	240	120

图 3 – 69　修改表格内容

（3）关闭电子表格，删除折线图中的图表标题，移动折线图，结果如图 3 – 70 所示。

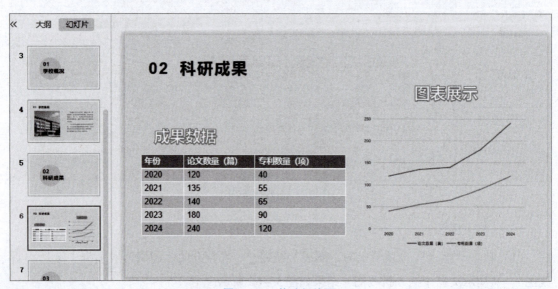

图 3 – 70　修改折线图

（六）插入智能图形

（1）切换到 03 升学情况节幻灯片，单击左侧窗格底部的"新建幻灯片"按钮 **＋**，打开"新建幻灯片"对话框，新建一个仅标题的幻灯片并输入标题文本，结果如图 3-71 所示。

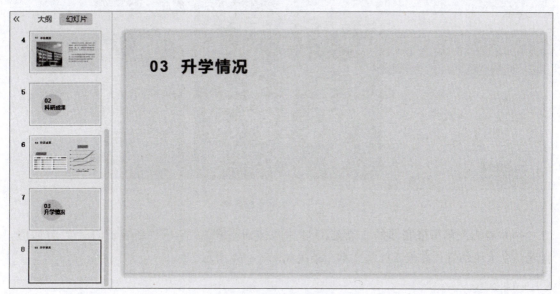

图 3-71　插入仅标题幻灯片 2

（2）单击"插入"选项卡中的"智能图形"按钮，在打开的"选择智能图形"对话框中选择"水平图片列表"，插入"水平图片列表"智能图形，如图 3-72 所示。

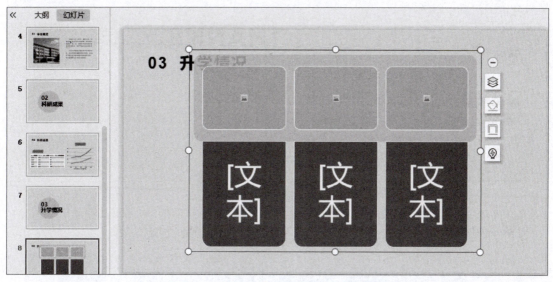

图 3-72　插入"水平图片列表"智能图形

（3）单击智能图形中的图片占位符，插入图片，在文本占位符中输入文本，设置字体为"微软雅黑（正文）"，字号为 22，段落为居中对齐，更改智能图形的大小并移动智能图形，结果如图 3-73 所示。

图 3-73 编辑智能图形

（4）单击左侧窗格底部的"新建幻灯片"按钮 ➕ ，打开"新建幻灯片"对话框，新建一个末尾幻灯片并输入标题文本，结果如图 3-74 所示。

图 3-74 插入末尾幻灯片

（5）单击快速访问工具栏上的"保存"按钮 🔲 ，保存演示文稿。

任务 12　设置"学院简介"演示文稿多媒体效果

任务描述

本任务将实现在 WPS 演示文稿中对已有演示文稿进行多媒体效果设置。通过对本任务相关知识的学习和实践，要求学生掌握音频、超链接和动作按钮的插入，同时学会幻灯片切换动画和幻灯片中各对象的动画效果的设置，并完成"学院简介"演示文稿多媒体效果设置。效果如图 3 – 75 所示。

图 3 – 75　设置"学院简介"演示文稿多媒体效果

相关知识

（一）多媒体对象设置与应用

1. 添加音频

在文字内容较多的幻灯片中，为避免枯燥乏味，可以在幻灯片中添加背景音乐，或为演示文本添加配音讲解。

1）插入音频

（1）打开要插入音频的幻灯片，单击"插入"选项卡中的"音频"下拉按钮，打开图 3 – 76 所示的下拉列表。

（2）选择要插入音频的方式。

WPS Office 不仅可以直接在幻灯片中嵌入音频，还能链接到音频。这两种方式的不同之处在于，前者将演示文稿拷贝到其他计算机上放映时，嵌入音频能正常播放；链接的音频必须将音频文件一同拷贝，并存放到相同的路径下才能播放。

单击"嵌入音频"或"链接到音频"命令，打开"插入音频"对话框，在本地计算机或 WPS 云盘中选择音频文件。

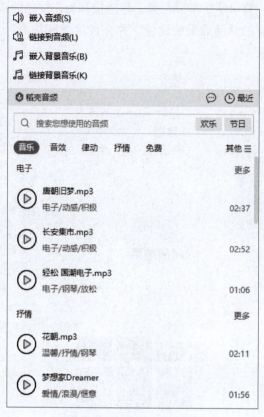

图 3-76 "音频"下拉列表

单击"嵌入背景音乐"和"链接背景音乐"命令，打开"从当前页插入背景音乐"对话框，在本地计算机或 WPS 云盘中选择音频文件。

（3）单击"插入音频"或"从当前页插入背景音乐"对话框中的"打开"按钮，即可在幻灯片中显示音频图标◀和播放控件，如图 3-77 所示。

（4）将鼠标指针移到音频图标变形框顶点位置的变形手柄上，指针变为双向箭头时按下左键拖动，可以调整图标的大小；指针变为四向箭头时，按下左键拖动，可以移动图标的位置。

✏️ 提 示

如果不希望在幻灯片中显示音频图标，可以将音频图标拖放到幻灯片之外。

此时，单击音频图标或播放控件上的"播放/暂停"按钮▶，可以试听音频效果。利用播放控件还可以前进、后退、调整播放音量。

音频图标实质是一张图片，可利用"图片工具"选项卡更改音频图标、设置音频图标的样式和颜色效果，以贴合幻灯片风格。

（5）选中音频图标，在"图片工具"选项卡中单击"替换图片"按钮🔲替换图片，在打开的"更改图片"对话框中更换音频图标，效果如图 3-78 所示。

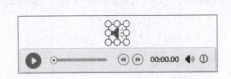

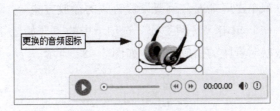

图 3 - 77 插入音频   图 3 - 78 更换音频图标

（6）利用"图片轮廓"和"图片效果"按钮修改音频图标的视觉样式。

2）编辑音频

在幻灯片中插入音频后，如果只希望播放其中的一部分，不需要启用专业的音频编辑软件对音频进行裁剪，在 WPS 演示中就可以轻松截取部分音频。此外，还可以对音频进行一些简单的编辑，例如设置播放音量和音效。

（1）选中幻灯片中的音频图标，打开图 3 - 79 所示的"音频工具"选项卡。

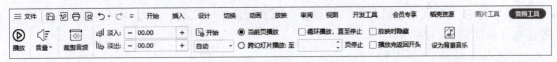

图 3 - 79 "音频工具"选项卡

（2）单击"音频工具"选项卡中的"裁剪音频"按钮 🔲，打开图 3 - 80 所示的"裁剪音频"对话框。

图 3 - 80 "裁剪音频"对话框

（3）将绿色的滑块拖动到开始音频的位置；将红色的滑块拖动到结束音频的位置。指定音频的起始点时，单击"上一帧"按钮 ◀ 或"下一帧"按钮 ▶，可以对起止时间进行微调。

（4）确定音频的起止点后，单击"播放"按钮 ▶，预览音频效果。

（5）单击"音频工具"选项卡中的"音量"下拉按钮 🔊，在图 3 - 81 所示的下拉列表中选择设置放映幻灯片时，音频文件的音量等级。

（6）在"音频工具"选项卡的"淡入"数值框中输入音频开始时淡入效果持续的时间；在"淡出"数值框中输入音频结束时淡出效果持续的时间。

默认情况下，在幻灯片中插入的音频仅在当前页播放。如果希望插入的音频跨幻灯片播放，或单击时播放，就要设置音频的播放方式。

（7）单击"音频工具"选项卡中的"开始"下拉按钮，在打开的下拉列表中选择幻灯片放映时音频的播放方式，如图3-82所示。

图3-81　设置音量级别　　　　　图3-82　设置音频播放方式

（8）选中"跨幻灯片播放"单选按钮，并指定在哪一页幻灯片停止播放，当插入音频的幻灯片切换后，音频仍然继续播放。

（9）勾选"循环播放，直到停止"复选框，则插入的音频循环播放，直到停止放映。

（10）勾选"放映时隐藏"复选框，则幻灯片在放映时，自动隐藏其中的音频图标。

（11）勾选"播放完返回开头"复选框，则音频播放完成后，自动返回音频开头，否则停止在音频结尾处。

2. 添加超链接

"超链接"是广泛应用于网页的一种浏览机制，在演示文稿中使用超链接，可在幻灯片之间进行导航，或跳转到其他文档或者应用程序。

（1）选中要建立超链接的对象。超链接的对象可以是文字、图标、各种图形等。

（2）单击"插入"选项卡中的"超链接"按钮，打开图3-83所示的"插入超链接"对话框。

图3-83　"插入超链接"对话框

（3）在"链接到："列表框中选择要链接的目标文件所在的位置，可以是现有文件或网页、本文档中的位置，也可以是电子邮件地址。

如果要通过超链接在当前演示文稿中进行导航，选择"本文档中的位置"，然后在幻灯片列表中选择要链接到的幻灯片，"幻灯片预览"区域显示幻灯片缩略图，如图3-84所示。

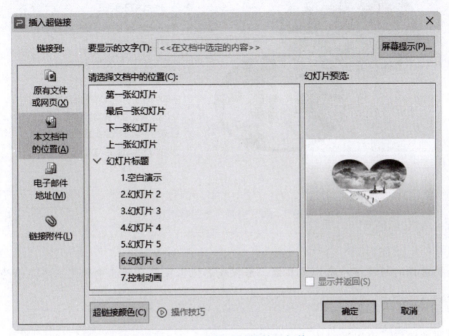

图3-84 选择要链接的幻灯片

（4）在"要显示的文字"文本框中输入要在幻灯片中显示为超链接的文字。默认显示为在文档中选定的内容。

> **注意**
>
> 只有当要建立超链接的对象为文本时，"要显示的文字"文本框才可编辑。如果选择的是形状或文本框，该文本框不可编辑。

（5）单击"屏幕提示"按钮，在图3-85所示的"设置超链接屏幕提示"对话框中输入提示文本。放映幻灯片时，将鼠标指针移动到超链接上时将显示指定的文本。

（6）单击"确定"按钮关闭对话框，即可创建超链接。

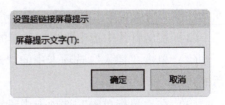

图3-85 "设置超链接屏幕提示"对话框

此时在幻灯片编辑窗口中可以看到，超链接文本默认显示为主题颜色，且带有下划线。单击状态栏上的"阅读视图"按钮预览幻灯片，将鼠标指针移到超链接对象上，指针显示为手形，并显示指定的屏幕提示，如图3-86所示。单击即可跳转到指定的链接目标。

图3-86　查看建立的超链接

创建超链接后，可以随时修改链接设置。

（7）在超链接上右击，在弹出的右键菜单中单击"编辑超链接"命令，打开"编辑超链接"对话框。该对话框与"插入超链接"对话框基本相同，在此不再赘述。

（8）修改要链接的目标幻灯片或文件、要显示的文字，以及屏幕提示。

（9）单击"删除链接"按钮，删除超链接。

（10）设置完成后，单击"确定"按钮关闭对话框。

3. 添加动作按钮

与超链接类似，在WPS演示中还可以给当前幻灯片中所选对象设置鼠标动作，当单击或鼠标移动到该对象上时，执行指定的操作。

（1）在幻灯片中选中要添加动作的页面对象。

（2）单击"插入"选项卡中的"动作"按钮⬡，打开图3-87所示的"动作设置"对话框。

（3）在"鼠标单击"选项卡中设置单击选定的页面对象时执行的动作。

各个选项的意义简要介绍如下。

无动作：不设置动作。如果已为对象设置了动作，选中该项可以删除已添加的动作。

超链接到：链接到另一张幻灯片、URL、其他演示文稿或文件、结束放映、自定义放映。

运行程序：运行一个外部程序。单击"浏览"按钮可以选择外部程序。

运行 JS 宏：运行在"宏列表"中制定的宏。

对象动作：打开、编辑或播放在"对象动作"列表内选定的嵌入对象。

播放声音：设置单击执行动作时播放的声音，可以选择一种预定义的声音，也可以从外部导入，或者选择结束前一声音。

（4）切换到如图 3-88 所示的"鼠标移过"选项卡，设置鼠标移到选中的页面对象上时执行的动作。

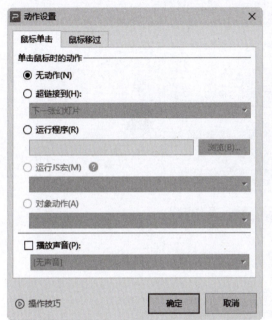

图 3-87 "动作设置"对话框

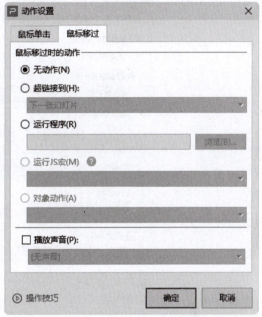

图 3-88 "鼠标移过"选项卡

（5）设置完成，单击"确定"按钮关闭对话框。

此时单击状态栏上的"阅读视图"按钮预览幻灯片，将鼠标指针移到添加了动作的对象上，指针显示为手形，单击即可执行指定的动作。

（6）如果要修改设置的动作，在添加了动作的对象上右击，在弹出的右键菜单中单击"动作设置"命令，打开"动作设置"对话框进行修改。修改完成后，单击"确定"按钮关闭对话框。

提 示

在右键菜单中单击"编辑超链接"命令或"超链接"命令也可以修改动作设置。

除了文本超链接，为其他页面对象创建超链接或设置动作后并不醒目。使用动作按钮可以明确表明幻灯片中存在可交互的动作。动作按钮是实现导航、交互的一种常用工具，常用于在放映时激活另一个程序、播放声音或影片、跳转到其他幻灯片、文件或网页。

（7）在"插入"选项卡中单击"形状"下拉按钮，在打开的形状列表底部，可以看

到 **WPS Office** 内置的动作按钮。将鼠标指针移到动作按钮上，可以查看按钮的功能提示，如图3-89所示。

图3-89 内置的动作按钮

（8）单击需要的按钮，鼠标指针显示为十字形十，按下左键在幻灯片上拖动到合适大小，释放鼠标，即可绘制一个指定大小的动作按钮，并打开"动作设置"对话框，如图3-90所示。

图3-90 绘制动作按钮

✏ 提 示

选中动作按钮后，直接在幻灯片上单击，可以添加默认大小的动作按钮。

（9）在"鼠标单击"选项卡中设置单击动作按钮时执行的动作，切换到"鼠标移过"选项卡设置鼠标移到动作按钮上时执行的动作。

（10）设置完成，单击"确定"按钮关闭对话框。

（11）选中添加的动作按钮，在"绘图工具"选项卡中修改按钮的填充、轮廓和效果外观。将指针移到动作按钮上时，指针显示为手形👆，如图3-91所示。

（12）按照上面相同的步骤，添加其他动作按钮，并设置动作按钮的动作。

（13）与超链接类似，创建动作按钮之后，可以随时修改按钮的交互动作。在动作按钮上右击，在弹出的右键菜单中单击"动作设置"命令，打开"动作设置"对话框进行修改。完成后，单击"确定"按钮关闭对话框。

图 3-91 动作按钮的效果

（二）动画的基本设置

1. 设置幻灯片切换效果

设置幻灯片的切换动画可以很好地将主题或画风不同的幻灯片进行衔接、转场，增强演示文稿的视觉效果。

1）添加切换效果

切换效果是添加在相邻两张幻灯片之间的特殊效果，在放映幻灯片时，以动画形式退出上一张幻灯片，切入当前幻灯片。

（1）切换到"普通"视图或"幻灯片浏览"视图。

在幻灯片浏览视图中，可以查看多张幻灯片，十分方便在整个演示文稿的范围内编辑幻灯片的切换效果。

（2）选择要添加切换效果的幻灯片。

按住 Shift 键或 Ctrl 键单击需要的幻灯片，可以选择多张幻灯片。

（3）在"切换"选项卡中的"切换效果"下拉列表框中选择需要的效果，如图 3-92 所示。

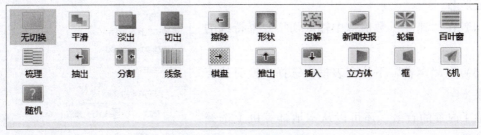

图 3-92 切换效果列表

（4）设置切换效果后，在"普通"视图的幻灯片编辑窗口中可以看到切换效果；在幻灯片浏览视图中，每张幻灯片的下方左侧为幻灯片编号，右侧显示效果图标★，如图3–93所示。

图3–93　预览切换效果

（5）在"普通"视图的"切换"选项卡中单击"预览效果"按钮，或单击状态栏上的"从当前幻灯片开始播放"按钮，可以预览从前一张幻灯片切换到该幻灯片的切换效果以及该幻灯片的动画效果。

2）设置切换选项

（1）添加切换效果之后，用户可以修改切换效果的选项，如进入的方向和形态，以及切换速度、声音效果和换片方式等。

（2）选中要设置切换参数的幻灯片，在"切换"选项卡中可以设置切换选项，或者单击窗口右侧的"幻灯片切换"按钮，显示"幻灯片切换"窗格，如图3–94所示。

（3）在"效果选项"下拉列表框中选择效果的方向或形态。

（4）在"速度"数值框中输入切换效果持续的时间。

（5）在"声音"下拉列表框中选择切换时的声音效果。

除了内置的音效，还可以从本地计算机上选择声音效果。

（6）在"换片方式"区域选择切换幻灯片的方

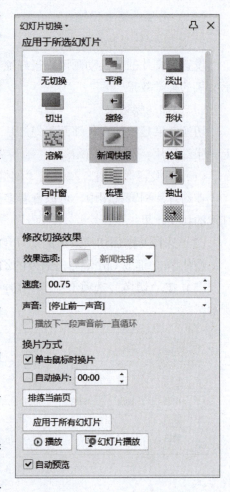

图3–94　"幻灯片切换"窗格

式。默认单击时切换，也可以指定每隔特定时间后，自动切换到下一张幻灯片。

（7）如果要将切换效果和计时设置应用于演示文稿中所有的幻灯片，单击"应用于所有幻灯片"按钮，否则仅应用于当前选中的幻灯片。当演示文稿中包含多母版时，在"幻灯片切换"窗格中会出现"应用于母版"按钮，如果希望将切换效果应用于与当前选中的幻灯片版式相同的所有幻灯片，则单击"应用于母版"按钮。

（8）单击"播放"按钮 ▷播放 ，在当前编辑窗口中预览切换效果；单击"幻灯片播放"按钮 ▷幻灯片播放 ，可进入全屏放映模式预览切换效果。

2. 设置幻灯片中对象的动画效果

设置幻灯片动画，是指为幻灯片中的页面元素（例如文本、图片、图表、动作按钮、多媒体等）添加出现或消失的动画效果，并指定动画开始播放的方式和持续的时间。如果在母版中设置动画方案，整个演示文稿将有统一的动画效果。

1）添加动画效果

WPS 演示在"动画"选项卡中内置了丰富的动画方案。使用内置的动画方案可以将一组预定义的动画效果应用于所选幻灯片对象。

（1）在"普通"视图中，选中要添加动画效果的页面对象。

（2）切换到"动画"选项卡，在"动画"下拉列表框中可以看到图 3 – 95 所示的内置动画方案列表。

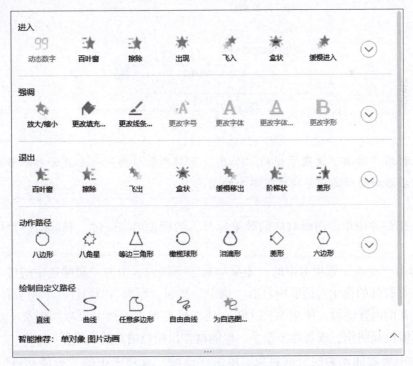

图 3 – 95　内置动画方案列表

从上图可以看到，WPS Office 预置了五大类动画效果：进入、强调、退出、动作路径以及绘制自定义路径。前三类用于设置页面对象在不同阶段的动画效果；"动作路径"通常用于设置页面对象按指定的路径运动；"绘制自定义路径"则用于自定义页面对象的运动轨迹。

1 动画方案

图 3－96 添加
动画效果

（3）单击需要的动画方案，幻灯片编辑窗口播放动画效果，播放完成后，应用动画效果的页面对象左上方显示淡蓝色的效果标号，如图 3－96 所示。

此时，单击"动画"选项卡中的"预览效果"按钮 ✿，可以在幻灯片编辑窗口再次预览动画效果。

（4）重复步骤（1）～（3），为幻灯片上的其他页面对象添加动画效果。

（5）单击"动画"选项卡中的"动画窗格"按钮 ✿，打开图 3－97 所示的动画窗格。单击"添加效果"按钮，在打开的动画列表中选择需要的效果，为同一个页面对象添加多种动画效果。

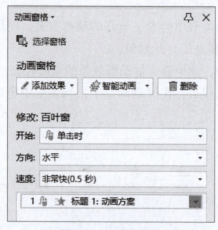

图 3－97　动画窗格

> **注意**
>
> 如果利用"动画"选项卡中的"动画"下拉列表框为同一个页面对象多次添加动画效果，后添加的动画将替换之前添加的动画。

（6）在幻灯片中单击动画对应的效果标号，然后按 Delete 键，删除幻灯片中的某个动画效果。

（7）单击"动画"选项卡中的"删除动画"下拉列表中的"删除选中幻灯片的所有动画"命令，在打开的提示对话框中单击"确定"按钮，删除当前幻灯片中的所有动画。

除了丰富的内置动画，使用 WPS Office 还能轻松地为页面对象添加创意十足的智能动画，即便不懂动画制作，或是办公新手，也能制作出酷炫的动感效果。

（8）选中要添加动画的页面对象。单击"动画"选项卡中的"智能动画"按钮 ⬦，打开"智能动画"列表，如图 3－98 所示。将鼠标指针移到一种效果上，可预览动画的效果。单击需要的效果，即可应用到选中的页面对象。

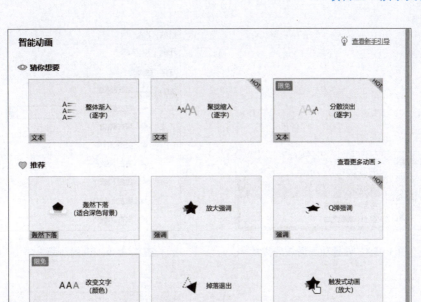

图 3 - 98　"智能动画"列表

2）设置效果选项

添加幻灯片动画之后，还可以修改动画的使用开始时间、方向和速度等选项，以满足设计需要。

（1）在幻灯片中单击要修改动画的页面对象，或直接单击动画对应的效果标号。当前选中的效果标号显示颜色变浅。

（2）单击"动画"选项卡中的"动画窗格"按钮 ☆，打开动画窗格。

在动画列表框中，最左侧的数字表明动画的次序；序号右侧的鼠标图标 或时钟图标 表示动画的计时方式为"单击时"或"之后"。动画计时方式右侧为动画类型标记，绿色五角星 表示"进入动画"，黄色五角星 表示"强调动画"（在触发器中显示为黄色五角星），红色五角星 表示"退出动画"。动画类型标记右侧为应用动画的对象。将鼠标指针移到某一个动画上，可以查看该动画的详细信息。

（3）在"开始"下拉列表框中选择动画的开始方式，如图 3 - 99 所示。默认为单击时开始播放。"之前"是指与上一动画同时播放；"之后"是指在上一动画播放完成之后开始播放。对于包含多个段落的占位符，该选项设置将作用于占位符中所有的子段落。

（4）设置动画的属性。如果选中的动画有"方向"属性，在"方向"下拉列表框中选择动画的方向，如图 3 - 100 所示。

（5）设置动画的播放速度。在"速度"下拉列表框中选择动画的播放速度，如图 3 - 101 所示。

除了开始方式和速度等属性，WPS Office 还允许用户自定义更多的效果选项。

（6）在动画窗格的效果列表框中，单击要修改选项设置的效果右侧的下拉按钮，打开图 3 - 102 所示的下拉列表。

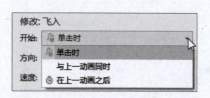

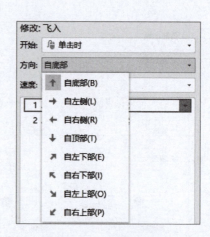

图 3－99　设置动画播放的方式

图 3－100　设置动画方向

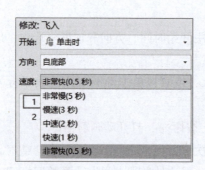

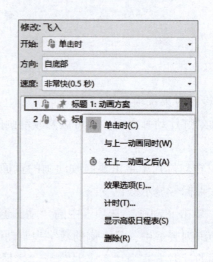

图 3－101　设置动画的速度

图 3－102　下拉列表

（7）在下拉列表中选择"效果选项"命令，打开对应的效果选项对话框，该对话框的"效果"选项卡如图 3－103 所示。

（8）在"效果"选项卡的"设置"区域，设置效果的方向和平稳程序；在"增强"区域设置动画播放时的声音效果、动画播放后的颜色变化效果和可见性。如果动画应用的对象是文本，还可以设置动画文本的发送单位。

（9）切换到"计时"选项卡，设置动画播放的开始方式、延迟、速度和重复方式，如图 3－104 所示。

（10）如果选中的对象包含多级段落，切换到"正文文本动画"选项卡，设置多级段落的组合方式，如图 3－105 所示。

（11）设置完毕，单击"确定"按钮关闭对话框。

（12）如果要调整同一张幻灯片上的动画顺序，选中动画效果，单击"向前移动"按钮⬆或"向后移动"按钮⬇。

图 3 – 103　"效果"选项卡

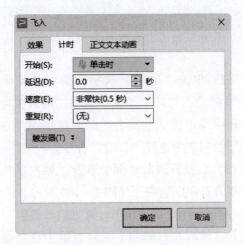

图 3 – 104　"计时"选项卡

图 3 – 105　"正文文本动画"选项卡

✏️ 提　示

在"自定义动画"窗格的效果列表框中按住 Ctrl 或 Shift 键单击，可以选中多个动画效果。

（13）设置完成后，单击"播放"按钮 ⏵播放 ，可在幻灯片编辑窗口中预览当前幻灯片的动画效果；单击"幻灯片播放"按钮 ⏵幻灯片播放 ，可进入全屏放映模式，播放当前幻灯片的动画效果。

3）利用触发器控制动画

默认情况下，幻灯片中的动画效果在单击或到达排练计时开始播放，且只播放一次。使用触发器可控制指定动画开始播放的方式，并能重复播放动画。触发器的功能相当于按钮，可以是一张图片、一个形状、一段文字或一个文本框等页面元素。

（1）选中一个已添加动画效果的页面对象对应的效果标号，作为被触发的对象。

> **注意** ∿∿∿∿∿∿∿∿∿∿∿∿∿∿∿∿∿∿∿∿∿∿∿∿∿∿∿∿∿∿∿∿∿∿
>
> 只有当前选中的对象添加了动画效果，才能使用触发器触发动画。

（2）单击"动画"选项卡中的"动画窗格"按钮✿，打开"动画"窗格，然后在动画列表框中单击选定动画右侧的下拉按钮，在打开的下拉列表中选择"计时"命令。

（3）在打开的对话框中单击"触发器"按钮，展开对应的选项，如图 3 – 106 所示。

（4）选中"单击下列对象时启动效果"单选按钮，然后在右侧的下拉列表框中选择触发动画效果的对象，如图 3 – 107 所示。

触发器的作用是单击某个页面对象，播放步骤（1）中选定的页面对象应用的动画效果。

（5）设置完毕后，单击"确定"按钮关闭对话框。

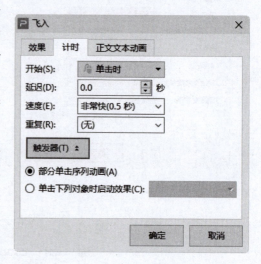

图 3 – 106 显示触发器选项

在幻灯片中单击一个触发器标志，在动画窗格的动画列表框顶部可以看到该动画对应的触发器，如图 3 – 108 所示。

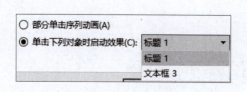

图 3 – 107 选择触发对象

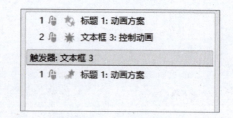

图 3 – 108 动画列表框

此时单击动画窗格底部的"幻灯片播放"按钮 幻灯片播放 预览动画，可以看到，只有单击指定的触发器，才会播放对应的动画效果；多次单击触发器，对应的动画将反复播放。如果单击触发器以外的对象，将跳过该动画效果的播放。利用触发器的这一特点，演讲者可以在放映演示文稿时决定是否显示某一对象。

（6）选中触发器标志之后，直接按 Delete 键，删除选中的触发器。或者打开效果对应的"计时"选项卡，在触发器选项中选中"部分单击序列动画"单选按钮，即可取消指定动画的触发器。

任务实施

（一）插入音频

（1）启动 WPS，单击"首页"上的"打开"按钮📂，打开"打开文件"对话框，找到"学院简介"演示文稿，单击"打开"按钮，打开"学院简介"演示文稿。

（2）切换到目录节幻灯片，单击"插入"选项卡中的"音频"下拉按钮，在打开的下拉列表中选择"免费"→"鼓点节奏音效"命令，生成音频图标。

（3）将音频图标移动到幻灯片右下角，结果如图 3 – 109 所示。

图 3 – 109　插入音频

（二）插入超链接

（1）切换到目录节幻灯片，选中"01 学校概况"文本，单击"插入"选项卡中的"超链接"按钮，打开"插入超链接"对话框，按照图 3 – 110 进行设置，单击"确定"按钮，插入超链接。

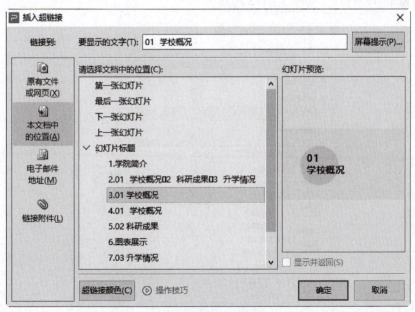

图 3 – 110　设置超链接

（2）按照上一步同样的方法，为其他两个目录项创建超链接。可以看到超链接文本下方显示下划线，如图3－111所示。

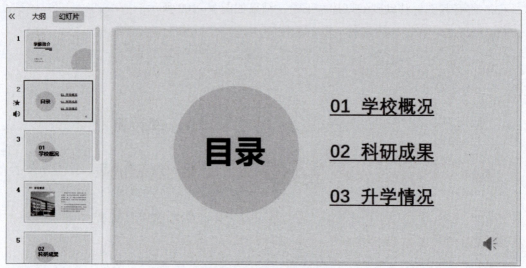

图3－111　插入超链接

（三）插入动作按钮

（1）选中第三张幻灯片，在"插入"选项卡中单击"形状"下拉按钮，在弹出的形状列表中单击"动作按钮：第一张"命令，按下左键绘制形状。释放鼠标后，在弹出的"动作设置"对话框的"鼠标单击"选项卡中，设置"单击鼠标时的动作"为"超链接到"，然后在下拉列表框中选择"幻灯片…"，在弹出的"超链接到幻灯片"对话框中选择要链接到的目录节幻灯片，如图3－112所示。

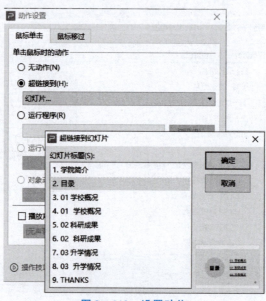

图3－112　设置动作

（2）单击"确定"按钮关闭对话框。选中绘制的动作按钮，在"绘图工具"选项卡的"形状样式"下拉列表框中选择第一行最后一列的样式"彩色轮廓 – 热情的粉红色，强调颜色 6"，效果如图 3 – 113 所示。

图 3 – 113　插入动作按钮

（3）选中格式化后的动作按钮，按 Ctrl + C 键复制按钮，然后分别粘贴到第五张和第七张幻灯片上，如图 3 – 114 所示。

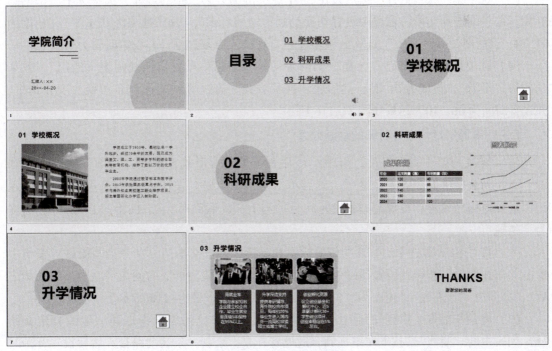

图 3 – 114　插入动作按钮

（四）设置幻灯片切换动画

（1）选中第一张幻灯片，在"切换"选项卡中的"切换效果"下拉列表框中选择"溶解"效果。打开"幻灯片切换"窗格，在"应用于所选幻灯片"列表框中选择"溶解"，速度为00.70，然后在"换片方式"选项区域勾选"自动换片"复选框，并设置时间为00：10，如图3-115所示。

图3-115 设置"溶解"切换动画

（2）选中第二张幻灯片，在"幻灯片切换"窗格中设置切换动画为"淡出"，效果选项为"平滑"，速度为01.25，然后在"换片方式"选项区域勾选"自动换片"复选框，并设置时间为00：10。

（3）选中第三张幻灯片，然后按住Shift键单击倒数第二张幻灯片，选中其中全部的幻灯片。在"幻灯片切换"窗格中设置切换动画为"百叶窗"，效果选项为"水平"，速度为01.20，然后在"换片方式"选项区域勾选"自动换片"复选框，并设置时间为00：12。

（4）选中最后一张幻灯片，在"幻灯片切换"窗格中设置切换动画为"淡出"，效果选项为"平滑"，速度为01.25，然后在"换片方式"选项区域勾选"自动换片"复选框，并设置时间为00：10，结果如图3-116所示。

（五）设置幻灯片中各对象的动画效果

（1）切换到第一张幻灯片，选中幻灯片右下角圆形形状，单击"动画"选项卡"动画"下拉列表框中的"飞入"效果。然后单击"动画窗格"按钮，打开图3-117所示的"动画窗格"窗格，设置动画开始时间为"与上一动画同时"，方向为"自底部"，速度为"快速"。

（2）按住Shift键选中幻灯片左侧的标题和副标题两个文本框，在"动画窗格"窗格中单击"添加效果"按钮，设置动画效果为"擦除"，然后设置开始时间为"在上一个动画之后"，方向为"自左侧"，速度为"非常快（0.5秒）"，如图3-118所示。

（3）将最长的直线拖到幻灯片左侧，在"动画"下拉列表框中选择"绘制自定义路径"列表中的"直线"，按下左键拖到合适位置释放，绘制一条运动路径。然后设置开始时间为"在上一个动画之后"，速度为"快速（1秒）"，如图3-119所示。

图 3－116　设置幻灯片切换动画

图 3－117　设置右下角圆形的动画

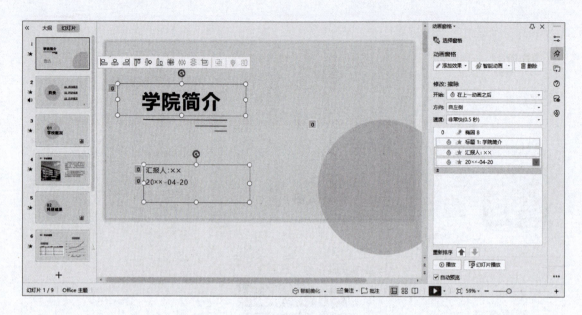

图 3 – 118 设置标题与副标题的动画

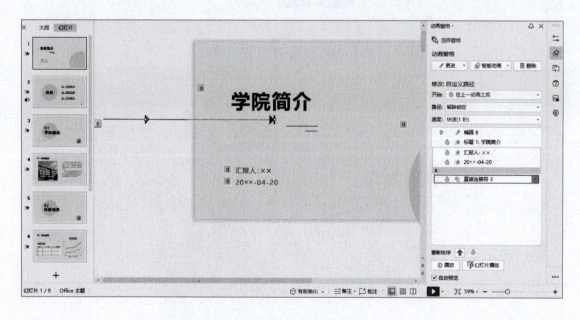

图 3 – 119 设置长直线的动画

（4）按照步骤（3）的操作设置另外两条直线的动画，另外两条直线的开始时间为"与上一动画同时"，结果如图 3 – 120 所示。

（5）单击快速访问工具栏上的"保存"按钮，保存演示文稿。

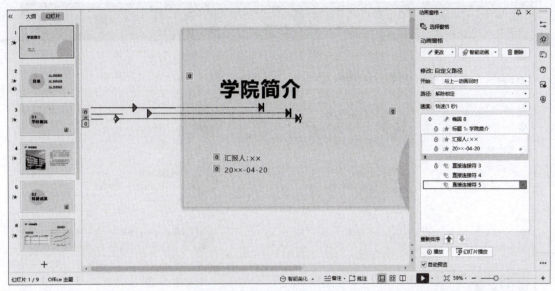

图 3 – 120　设置其他直线的动画

能力拓展

（一）利用 AI 来完成"毕业设计（论文）答辩稿"演示文稿的制作

（1）在浏览器中登录网页版的 Kimi（网址：https://kimi. moonshot. cn），如图 3 – 121 所示。

图 3 – 121　Kimi 网页版

（2）单击对话页面左侧 Kimi+ 按钮，进入"Kimi +"页面，如图 3 – 122 所示。

图 3 – 122 "Kimi +"页面

（3）选择"Kimi +"页面中的"PPT 助手"选项，进入"和 PPT 助手的会话"页面，如图 3 – 123 所示。

图 3 – 123 "和 PPT 助手的会话"页面

（4）单击"上传附件"按钮⑩，打开"打开"对话框，选取"毕业论文"文件，然后单击"打开"按钮，上传数据文件。

（5）在对话输入框中输入提示词：

> 请根据上传文档内容制作一份"毕业论文答辩稿"演示文稿

（6）然后单击"发送"按钮⬆，PPT 助手开始分析文档，结果如图 3 – 124 所示。

图 3 – 124　分析文档

（7）单击按钮（一键生成PPT），进入模板选择页面，如图 3 – 125 所示，选择心仪的模板后，单击生成PPT按钮，PPT 助手开始生成演示文稿，结果如图 3 – 126 所示。

（二）利用 AI 来完成"企业年度工作汇报"演示文稿的制作

（1）在浏览器中登录网页版的百度文库（网址：https://wenku.baidu.com），如图 3 – 127 所示。

（2）单击"智能 PPT"选项，进入"智能 PPT"对话页面，如图 3 – 128 所示。

图 3 – 125　模板选择页面

图 3 – 126　生成的"毕业论文答辩稿"

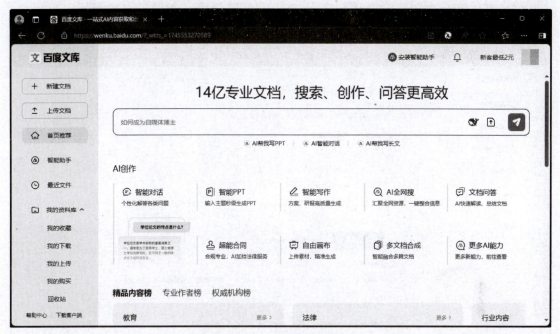

图 3 – 127　百度文库网页版

图 3 – 128　"智能 PPT" 对话页面

（3）在对话输入框中输入提示词：

企业年度工作汇报

（4）然后单击"发送"按钮 ，智能 PPT 开始撰写大纲，如图 3 – 129 所示。

图 3 – 129　撰写大纲

（5）单击 生成PPT 按钮，弹出"选择模板"对话框，结果如图 3 – 130 所示。

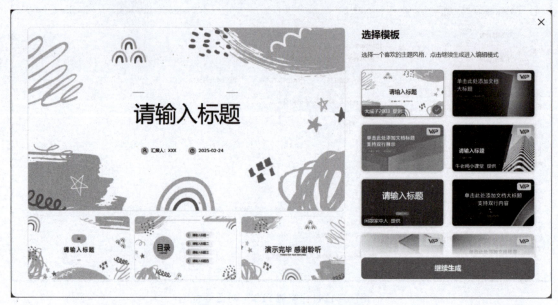

图 3 – 130　"选择模板"对话框

（6）单击 继续生成 按钮，智能 PPT 开始生成演示文稿，结果如图 3 – 131 所示。

图 3 – 131　生成"企业年度工作汇报"演示文稿

课后练习

（一）选择题

1. 在 WPS 中保存演示文稿时，默认的文件扩展名是（　　）。

A．．ppt　　　　　　　　B．．pptx　　　　　　　　C．．dps　　　　　　　　D．．pdf

2. 在 WPS 演示文稿中，如何快速播放从当前幻灯片开始的动画效果？（　　）。

A．按 F5 键　　　　　　　　　　　　　　B．按 Shift + F5 键

C．按 Ctrl + F5 键　　　　　　　　　　　D．按 Alt + F5 键

3. 在 WPS 演示文稿中，以下哪种对象可以添加超链接？（　　）。

A．文本　　　　　　　　　　　　　　　　B．图片

C．形状　　　　　　　　　　　　　　　　D．以上都可以

4. 在 WPS 演示文稿中，如何隐藏某张幻灯片？（　　）。

A．删除幻灯片　　　　　　　　　　　　　B．右击幻灯片选择"隐藏幻灯片"

C．将幻灯片移动到末尾　　　　　　　　　D．修改幻灯片背景为透明

5. 如果要选定多个图形，应先按住（　　），然后单击要选定的图形对象。

A．Alt 键　　　　　　　　　　　　　　　B．Home 键

C．Shift 键　　　　　　　　　　　　　　D．Ctrl 键

（二）操作题

1. 制作"员工入职培训"演示文稿，如图 3 – 132 所示。

（1）打开"员工入职培训"原始文件。

（2）添加音频。

（3）设置超链接。

（4）设置切换动画。

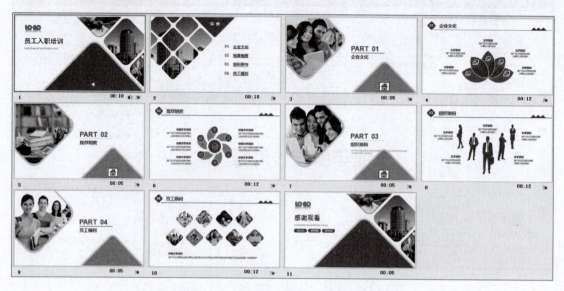

图 3 – 132　"员工入职培训"演示文稿

2. 制作"年终工作总结"演示文稿，如图 3 – 133 所示。

（1）新建演示文稿。

（2）添加文本。

（3）添加图片、图表和智能图形。

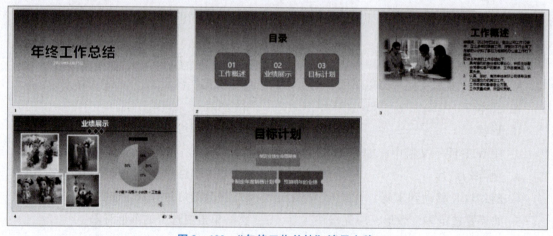

图 3 – 133　"年终工作总结"演示文稿

3. 制作"读书季阅读分享"演示文稿，如图 3 – 134 所示。

（1）设计母版。

（2）基于母版制作幻灯片。

（3）添加内容。

图 3 – 134 "读书季阅读分享"演示文稿